NOUVELLE

ÉTUDE DU CHEVAL

Paris. — Imprimerie de J. Dumaine, rue Christine, 2.

NOUVELLE ÉTUDE DU CHEVAL.

CINÉSIE ÉQUESTRE

OU

ÉQUITATION RATIONNELLE

INÉDITE

Basée sur le principe du mouvement de locomotion

Par Émile DEBOST

Attaché au Ministère des Finances,
Ancien titulaire-instructeur de l'École de cavalerie de Saumur.

LETTRES-PRÉFACES

De M. MICHAUX, Officier général de cavalerie,
Et de M. E. DALLY, Membre de plusieurs sociétés savantes.

DEUXIÈME ÉDITION

AUGMENTÉE

1° D'une DÉDICACE à M. le général L'HOTTE ; — 2° D'un EXPOSÉ analytique de CINÉSIE ÉQUESTRE
3° D'EXTRAITS de LETTRES et de COMPTES RENDUS de Revues scientifiques et militaires.

L'art de l'Équitation est UN.

PARIS

LIBRAIRIE MILITAIRE DE J. DUMAINE

RUE ET PASSAGE DAUPHINE, 30

Et chez les principaux libraires de France et de l'étranger.

AOUT 1874

Propriété de l'auteur. — Tous droits réservés.

PARIS. — Imprimerie de J. DUMAINE, rue Christine, 2.

A M. L'HOTTE, Officier général de Cavalerie.

Mon Général,

Encouragé par le bienveillant accueil que vous avez bien voulu faire à la Nouvelle Étude du cheval, j'ai l'honneur de vous dédier cette seconde édition de mon livre qui a surtout pour objet, ainsi que vous avez pu vous en rendre compte, de concilier l'application des règles de l'Équitation avec l'expression des phénomènes du mouvement dans la locomotion. — C'est par là, et par là spécialement, qu'il peut mériter de vous être offert et d'obtenir votre approbation.

L'étude du cheval présente une mine inépuisable à exploiter, m'avez-vous fait l'honneur de m'écrire, dans l'une de vos lettres. J'ai cherché par l'étude de la nature dans la nature à prouver que les lois générales du mouvement physiologique s'imposaient en équitation, — et à démontrer, par quelques vérités philosophiques qui me paraissent avoir été jusqu'ici négligées, que c'est là surtout qu'elles se manifestent dans les rapports de tout ordre qui frappent l'esprit observateur et réfléchi de l'écuyer.

En indiquant les relations incontestables qui existent entre les divers phénomènes de l'ordre physiologique et ceux de la psychologie animale, mon livre révèle d'une manière évidente le savoir et la véritable puissance de l'écuyer, se recommande ainsi aux méditations de l'homme de cheval et pourra faire éclore d'autres livres infiniment meilleurs.

DÉDICACE.

Tel qu'il est, je vous le dédie, comme à l'Officier proclamé par l'Armée le premier ÉCUYER de notre époque et en qui se personnifie l'art hippique français. Beaucoup d'écuyers ont écrit sur la matière et laissent à d'autres le soin d'appliquer la science de l'équitation : vous, au contraire, vous en parlez peu, et toujours, dans votre brillante carrière, vous vous êtes montré supérieur à tous dans l'interprétation de cet art.

Je puis aujourd'hui, sans crainte de passer pour un courtisan, faire publiquement l'éloge de votre talent, car, retiré du service depuis fort longtemps, je n'ai pour toute ambition que celle que guide l'esprit du bien.

Je ne saurais, cependant, pour me faire écouter, m'entourer de trop de témoignages sympathiques, et, en plaçant cette nouvelle édition sous vos auspices, je ne pouvais m'adresser à une autorité plus compétente et qui pût lui être aussi utile.

Veuillez agréer, mon Général, l'expression de mes remerciements, et l'assurance de mes sentiments respectueux et les plus dévoués.

ÉMILE DEBOST.

NOTICE PRÉLIMINAIRE.

L'art de l'équitation a été de tout temps, mais plus particulièrement depuis une trentaine d'années, l'objet de combinaisons méthodiques diverses pour tenter d'améliorer le dressage du cheval et de faciliter l'exercice de la haute école. Mais tous ces efforts, sans base déterminée, sont restés à peu près improductifs. Aussi, dans un art où, jusqu'à présent, le manque absolu de vérité théorique permet de tout soutenir, de tout introduire, de tout admettre, l'absurde et le vraisemblable, le progressif et le rétrograde, il est nécessaire, pour l'évidence complète du vrai et du faux, du rationnel et du pernicieux, de remédier au manque de principes certains dans les méthodes actuelles, par l'étude des lois merveilleuses et immuables de la nature, comme voie la plus utile et la plus féconde aux connaissances hippiques, en remontant à la notion du mouvement physiologique et de pénétrer, à la faveur de ce conducteur analytique, dans les profondes régions de l'organisation animale, où résident, enfouis et ignorés, les principes fondamentaux de la science de l'équitation.

Ce n'est pas seulement à *l'homme de cheval*, qui, vivant au milieu des distractions du monde et de la préoccupation des affaires, voudrait, cependant, se rendre compte en équitation de l'importance de l'étude physiologique de l'animal, que ce livre d'analyse hippo-dynamique est présenté ; c'est surtout à *l'écuyer militaire*, travailleur infatigable et de plus fanatique de tout ce qui concerne le cheval et intéresse l'équitation, que l'auteur adresse ces observations attentives de la nature de l'animal. Il a cherché à la décrire scrupuleusement dans ce qu'elle a de palpable, pour ainsi dire, aux sens du cavalier, sans négliger les liens dynamiques qui s'identifient aux lois de la locomotion dans la conduite rationnelle du cheval de selle.

L'auteur, en un mot, a voulu présenter : 1° une sorte d'anatomie des facultés sensoriales de l'animal, définir les altérations auxquelles elles sont exposées, indiquer les moyens de les prévenir et d'utiliser ces facultés tactiles ; 2° démontrer, par des preuves irrécusables, que le *mouvement équestre*, sans la science, manque d'appui et de contrôle, et se trouve impuissant par les seules connaissances de la mécanique animale ; 3° prouver, par conséquent, par l'insuffisance et les errements des méthodes actuelles qui ne voient guère dans l'art de l'équitation qu'un mécanisme automatique perfectionné, la nécessité de recourir, par l'*étude cinésique* (science du mouvement psycho-physiologique), à des modifications rationnelles dans les effets des aides, modifications apportées, par le raisonnement philosophique et l'observation pratique, au perfectionnement d'assimilation et d'unification des sensations dans le dressage du cheval ; 4° par le titre de *cinésie équestre*, qui comporte avec lui la dénomination d'art et de science dans l'étude pratique de l'équitation rationnelle, établir une distinction entre cet *exercice raisonné* et l'art de l'équitation, tel qu'il est encore interprété aujourd'hui ; 5° et faire concevoir, enfin, que les doctrines de la *cinésie équestre* sont les seules normales, les meilleures pour assurer l'assiette et les moyens de conduite, et qu'elle ne pose en principe que ce qui est démontré par la science ou ce qui ressort logiquement de l'observation.

Or, la *cinésie équestre* définit les liens dynamiques qui unissent le cavalier au cheval, les observe, les compare, les analyse, et, remontant des effets aux causes, arrive aux lois qui les réglementent ; puis elle en déduit les conséquences et en cherche les applications utiles pour l'éducation du cheval.

En cela, elle ouvre des horizons nouveaux à la science hippique par l'étude des facultés psychologiques ; et, par l'enseignement de ses préceptes qui donnent les moyens de communiquer avec l'animal par les attributs tactiles de ces facultés, elle révèle à l'écuyer des propriétés nouvelles d'équilibre qui se rattachent aux lois générales d'harmonie.

La cinésie équestre, il est vrai, n'a découvert ni inventé ces principes, mais, la première, elle les montre applicables à l'équitation. Ces connaissances ne peuvent manquer d'engendrer, en se généralisant, des réformes sérieuses dans l'enseignement, dans le dressage, en un mot, dans la conduite du cheval. C'est toute une révolution qui doit s'opérer dans les idées, révolution d'autant plus puissante qu'elle n'est pas circonscrite à un système, à une méthode, mais qu'elle atteint simultanément par la base toutes les écoles sans exception.

L'auteur se félicite de pouvoir livrer au public, en faveur des principes qui lui servent d'assises, les appréciations motivées qui suivent, émanant d'hommes les plus autorisés et reconnus supérieurs par leur savoir, leurs écrits et leur position. Mais il ne peut s'enorgueillir de ces sanctions, quand il mesure son travail à celui des auteurs qu'il a consultés et sur les dires desquels ils s'appuie; quand il se rend compte de ce qui lui revient en propre dans son exposé, il ne peut être pris de vanité.

Enfin, si ce livre ne modifie pas les objections systématiques, il pourra du moins ébranler les convictions et donner une idée plus exacte des vérités fondamentales de la physiologie. Il démontrera surtout qu'il est utile en équitation de reporter la conduite du cheval sur la saine théorie de l'organisation animale.

L'auteur n'attend pas un prompt résultat de ses consciencieuses recherches : mais *la vérité sait attendre,* a dit un grand philosophe, *elle est la réalité dans l'avenir.*

LETTRES-PRÉFACES.

1º De M. MICHAUX, Officier Général de cavalerie;
2º De M. le docteur DALLY, vice-président de la Société d'Anthropologie, Membre de plusieurs sociétés savantes.

Dampierre, le 30 novembre 1872.

Mon cher Debost,

J'ai lu votre ouvrage avec grand intérêt. Après un sérieux examen de la nouvelle Étude du cheval qu'il traite, de la méthode d'équitation rationnelle qui en dérive, si nette dans sa forme et si bien appropriée aux exigences de la science : votre travail me paraît avoir une importance réelle sur l'avenir des progrès en équitation.

Vous faites appel à mon expérience, comme officier général de cavalerie, et aux connaissances que j'ai pu acquérir d'après l'essai de divers systèmes de dressage du cheval expérimentés à Saumur, du temps que j'étais capitaine-commandant à cette École, où, entre parenthèses, j'ai eu la satisfaction de vous avoir comme titulaire-instructeur à mon escadron.

J'ai assisté et pris part, il est vrai, dans ma carrière militaire à bien des expériences de dressage, dont l'application du système incomplet de M. Baucher a été le point de départ; mais, je l'avoue, rien de tout ce que j'ai vu mettre à l'épreuve ne m'a satisfait. C'est encore, selon moi, l'école de Versailles qui est restée jusqu'à ce jour la plus complète dans son genre. C'est elle qui a enfanté l'ordonnance de cavalerie de 1829, dont les éléments peuvent suffire au dressage du cheval de guerre, en excluant toutefois certaines pratiques surannées reconnues pernicieuses par leur abus de force sur l'organisation animale, et en y adjoignant quelques principes d'assouplissement dont les mesures de patience et de douceur sont communément adoptées aujourd'hui par les écoles militaires et dans les régiments de cavalerie.

C'est parce que votre travail adopte ce qui est consacré par le temps, qu'il s'adresse à toutes les écoles, qu'il a pour but de perfectionner les principes méthodiques de l'équitation en général, de les asseoir sur des données scientifiques progressives de les associer enfin aux forces de l'animal, sans dénaturer ses facultés organiques et intellectuelles, que je me plais à reconnaître dans les considérations que vous traitez ici avec autant de logique que de savoir, une supériorité marquée sur tout ce qui, à ma connaissance, a été écrit sur ce sujet.

Malgré le mérite incontestable de votre œuvre, je crains bien pour elle l'indifférence du public. Votre ouvrage traite d'une étude dont on ne s'occupe guère de notre temps, où la vraie science de l'équitation est généralement délaissée ; il s'adresse bien plutôt, je le sais, à l'homme de cheval et au cavalier d'élite, qu'à la masse insouciante qui délaisse le manége. Mais combien peu, même de cette première catégorie, sont à la recherche de ce qui peut faire progresser l'équitation, et qui se passionnent encore pour cet art !

Je crois cependant votre ouvrage propre à raviver ces sentiments : voilà pourquoi je lui accorde volontiers mon patronage.

Vous y faites preuve, du reste, non-seulement d'une véritable érudition, mais encore vous mettez en lumière des idées et des aperçus tout à fait nouveaux, dignes d'appeler l'attention de quiconque s'occupe sérieusement d'équitation.

Dans l'étude minutieuse à laquelle vous vous êtes livré de toutes les questions concernant la structure, tant intérieure qu'extérieure du cheval, son organisme animal, ses mouvements locomoteurs, etc., etc., vous avez le talent d'intéresser et de justifier vos dires par des citations d'hommes éminents dans la science.

Vos définitions sur les fonctions et les propriétés générales du système nerveux ne m'ont pas moins frappé, et je crois, comme vous, que dans les moyens de dressage du cheval, nos écuyers n'ont pas tenu assez de compte des lois et des spécialités de l'action nerveuse, ainsi que des autres phénomènes physiques, physiologiques et psychologiques que, dans vos 3°, 4° et 5° parties, vous traitez avec une hauteur de vues et une lucidité qui m'ont parfaitement convaincu.

Vous avez cherché la vraie solution de la science de l'équitation, et vous l'avez trouvée dans les savantes données *cinésiologiques* du docteur Dally. Elles ont été pour vous un principe révélateur dont vous avez tiré parti avec un rare bonheur, et vous les traitez avec une grande logique de raisonnement : aussi, les chaleureuses approbations qui vous sont décernées par l'éminent vice-président de la Société d'anthropologie, ne paraissent-elles pas surfaites.

En résumé, votre travail a pour objet de réunir les divers éléments de science, sur lesquels doit se baser l'art de l'équitation. D'après cet exposé, rédigé avec beaucoup de clarté, vous procédez à l'édification d'une théorie fondée sur la connaissance des phénomènes physiologiques indispensables à apprécier pour ériger des principes pratiques d'équitation, et vous prouvez, avec la dernière évidence, que toute école raisonnée doit s'appuyer sur ces vérités premières ; c'est là la partie véritablement importante de votre livre, le côté pratique ressortant naturellement de ces considérations appliquées à l'art de coordonner les effets des aides d'après ces appréciations, ce que démontre rigoureusement votre 6° partie. Vos principes rendent, en outre, plus intimes les moyens d'action des aides ; et, en cela, ils sont d'accord avec les réflexions philosophiques qu'ils suggèrent et qui vous servent d'argumentation. Ces moyens aident puissamment au maintien de l'harmonie entre l'impulsion équestre et l'expression du *mouvement hippique*, et, par une affinité de forces graduée et continue, contribuent au développement du tact de l'animal et au perfectionnement de l'équilibre.

Écarter par des règles précises les effets immodérés des aides dont l'action de perturbation se perpétue dans l'organisme animal ; favoriser, par l'union des centres de gravité, la libre expression du mouvement du cheval et la puissance de direction du cavalier, telle est, en résumé, la loi expérimentale de votre méthode rationnelle, pour assurer l'unité d'action des deux organisations dans l'exercice du *mouvement*.

Toute la science de coordination de cette unité d'action consiste, d'après vous, à provoquer de l'impulsion *active-passive* du cavalier, l'action *passive-active* du cheval, tout en maintenant l'appareil locomoteur dans la plus grande légèreté possible, légèreté obtenue de la réduction de la base de sustentation, où là seulement le cavalier peut être maître de l'instinct de l'animal ; où là seulement l'accord des aides dans leur unité impulsive peut exister ; où là seulement, enfin, elles peuvent diriger sûrement le mouvement du cheval qui doit surgir de son entendement tactile par la secrète influence de l'impulsion motrice. Pour arriver enfin au complément de cette connexité d'action, il faut avoir recours au *pincer* de l'éperon, mais uniquement lorsque l'accord des aides est acquis ; car le contact de l'éperon doit avoir non-seulement pour effet d'augmenter, par la sensation spontanée qu'il produit sur le système nerveux musculaire, l'instabilité des membres, dans des proportions normales d'équilibre, mais encore d'accroître l'union des centres de gravité, la concentration des forces, et, par conséquent, l'équilibre du cheval ; ce qu'il serait impossible d'obtenir sans le parfait accord des effets des aides. L'éperon est, pour vous, l'instrument nécessaire en équitation, le mécanisme indispensable qui donne à l'unité expressive sa plus grande puissance d'action ; c'est la force s'opposant à d'autres forces avec des exigences plus minutieuses, mais toujours dans des proportions d'équilibre nécessaires aux mouvements *concentriques* et *excentriques* du cheval et dans l'intérêt de sa légèreté.

C'est bien ainsi que je le comprends ; il faut que l'emploi de l'éperon satisfasse tout d'abord à la première condition de son opportunité ; c'est-à-dire qu'au lieu de dénaturer, il reconstitue l'équilibre des sensations, et que les aides soient à même d'utiliser, au profit de la légèreté, la réaction motrice déterminée de la commotion produite. Là est toute la puissance de l'éperon, toute sa force réorganisatrice, le seul frein aux sensations hostiles de l'instinct, et, on peut l'affirmer, la base de la véritable équitation, la source de composition des effets des aides dans la haute école.

Je n'exprime qu'un vœu : c'est que tous les cavaliers intelligents se pénètrent bien de l'importance et de l'efficacité de ces principes de pondération mécanique, si bien rendus dans votre ouvrage. J'ajouterai, en terminant, que le but de votre méthode vraiment rationnelle, c'est de perfectionner, et, en cela, elle aide directement au progrès et acquiert ainsi de l'autorité sur les connaissances actuelles, car s'il fallait à chaque nouveau système reconstituer l'équitation, le progrès serait impossible. Il n'est possible d'avancer qu'en partant du point où se sont arrêtés les autres. Les écoles anciennes ne sont donc pas moins utiles et nécessaires que les innovations nouvelles ; si les unes se sont arrêtées, d'autres n'ont pas su conserver. Vous, mon cher Debost, vous n'êtes pas tombé dans cette erreur : aussi, voilà pourquoi vos considérations équestres ont une grande portée. Je ne sais quel avenir est réservé à votre ouvrage, mais je souhaite ardemment, pour les progrès de l'art de l'équitation, que vous soyez écouté, et je verrais avec plaisir que le Ministre de la guerre ordonnât l'acquisition d'un certain nombre d'exemplaires de votre livre pour être mis à la disposition des écoles militaires et des officiers-instructeurs de l'armée. Tous vos principes seraient alors révélés sans réserve, et chacun serait admis à participer aux fruits de votre savante étude et de vos laborieux travaux. Puisse ce moment arriver aussi promptement que je le désire !

Recevez, mon cher Debost, l'assurance de mon vieil attachement,

Général Michaux.

Paris, le 25 octobre 1872.

Monsieur,

Vous avez bien voulu me demander mon opinion sur le travail considérable que vous avez entrepris, afin de constituer à l'état de science méthodique l'art de l'équitation.

Je m'empresse de vous dire qu'après avoir étudié, avec une attention soutenue, les principales parties de votre mémoire, il m'a paru, qu'au double point de vue de la pratique et de la théorie, vous aviez complétement réussi à donner à l'équitation, et surtout au dressage, une base rationnelle, les déplaçant ainsi des données purement empiriques sur lesquelles ils reposaient jusqu'à présent.

Votre méthode repose sur la psychologie du cheval et non plus uniquement sur les châtiments irraisonnés qui provoquent si souvent de secrètes et indomptables révoltes.

Les connaissances qui servent de point de départ à l'action, le cheval les a acquises à l'aide des impressions venues de l'*extérieur*, qui lui dictent les mouvements dont le point de départ est à l'*intérieur*. Ces impressions tactiles, auxquelles vous avez ramené toute la Méthode, déterminent une série de modifications psychologiques qui, les facultés du cheval étant étudiées et connues, aboutissent fatalement à un résultat voulu.

Mais pour déterminer comment un cheval sent, comment il reçoit ses sensations, comment il y répond et comment il transforme en habitudes d'agir l'ensemble de ses connaissances d'impression, il vous a fallu sortir du cadre étroit qui semblait s'imposer à votre sujet. Vous avez compris que le cheval n'était pas un être isolé dans la nature, qu'il faisait partie d'un ensemble vivant dont les mouvements réciproques sont réglés par d'invariables lois. Ces lois, vous avez tenté d'en déterminer le caractère, en reproduisant les recherches scientifiques de savants et de penseurs justement autorisés : c'est là une grande entreprise, et j'admire comment à une époque où l'on n'a d'estime que pour les petits faits de détail, un homme a pu tout spontanément concevoir un plan aussi philosophique, et à la fois aussi vrai !

Permettez-moi donc, Monsieur, de vous féliciter et de vous dire que, si dans la pratique du dressage les résultats sont favorables à votre méthode, l'éducation du cheval aura des bases plus scientifiques que l'éducation de l'homme entièrement voué à la routine détestable et à l'indifférence publique.

Permettez-moi aussi de vous remercier : en analysant les travaux de mon père sur la cinésiologie, et leur rendant justice en en faisant le point de départ de vos conceptions et de votre pratique, vous avez montré que les données les plus abstraites trouvaient toujours, à un moment donné, un champ d'application, et que le philosophe devait rechercher le vrai pour le vrai, assuré que l'utile en ressort en temps utile.

Agréez, Monsieur, l'expression de ma parfaite estime,

Docteur DALLY.

AVANT-PROPOS.

> Le mouvement embrasse le monde ;
> la nature, c'est le mouvement.

Le mouvement est le principe de toute cause et la cause de tout principe ; son origine est d'essence divine.

Connaître les lois de la nature, l'ordre et l'enchaînement de ses phénomènes, l'action des forces qui agissent sur eux, et les propriétés des êtres distribués dans son *sein :* tel est l'objet de la *science du mouvement*.

Malgré l'ignorance où nous sommes de l'essence même de la force originelle des êtres organisés : de son affinité toute spéciale pour certaines modifications des êtres et des plantes qu'elle anime, la science nous démontre le *mouvement*, communiquant sa force équilibrante à toute la nature qu'elle remplit ; pénétrant tous les corps, et manifestant également son œuvre sur la matière avec laquelle il paraît, en quelque sorte, s'identifier. La science, enfin, sans renier les mystères impénétrables de la Providence, admet le mouvement comme le promoteur de toute vie et la source de toute puissance génératrice.

Il est donc évident que le *mouvement*, générateur de l'organisme vivant, doit servir de base à l'étude de toute science qui se rattache à l'analyse de l'animal.

Or, ce n'est que par les manifestations ou phénomènes du *mouvement*, qu'il ne faut pas confondre avec les autres puissances de la nature (attraction, électricité, lumière, calorique, etc.) qui en dépendent, que l'on peut se rendre compte de son action dynamique chez l'homme et les animaux, où elle nous apparaît dans toute sa puissance; les manifestations de cette force vitale étant moins saisissables à nos yeux à mesure que l'on descend l'échelle zoologique.

Depuis qu'il existe des savants, on étudie les lois merveilleuses du mouvement universel; mais le sujet présente, à tous les points de vue, de telles complications, qu'il est nécessaire, pour expliquer les phénomènes appréciables à notre intelligence, d'avoir recours à la *philosophie*, envisagée comme *science des principes*.

La *philosophie*, production du génie humain, analyse, résume et donne la synthèse de la science du mouvement et des principes qui la coordonnent.

Les sciences *physiques* ont avec la philosophie un rapport très-intime [1] :

« La philosophie, dit *M. Ch. Bénard*, doit procéder, par la méthode des faits, à la connaissance de la nature. La méthode est expérimentale avant d'être rationnelle; son point de départ est le réel et non l'abstrait.

« Or, le savoir ne consiste pas à se représenter les causes particulières ou isolées. Savoir, c'est saisir les rapports des causes, leur ordre et leur enchaînement, rattacher les lois et les causes particulières à des causes plus générales, celles-ci à la cause unique d'où elles émanent.

« Telle est la science de la philosophie, ainsi qu'elle a été conçue dès l'origine.

« La philosophie restreinte à la considération des principes peut se définir, comme les autres sciences, par son objet particulier; hors de là, elle n'a d'autres bornes que celles de la raison.

« La philosophie, envisagée comme science des principes, présente, avec les autres sciences, des rapports généraux et des rapports particuliers.

« Toutes les sciences se rattachent à la philosophie par leurs *principes*, leur *méthode* et leur *but final*.

« Chaque science particulière, dit encore *M. Bénard*, s'appuie sur un certain nombre d'idées et de vérités premières, qu'elle admet

---

[1] *Précis de philosophie*, par Ch. BÉNARD. Paris, 1857.

sans les approfondir ni les discuter. Les *mathématiques* étudient les grandeurs ou les *quantités;* l'arithmétique, *l'unité;* la géométrie, l'*étendue;* la mécanique, la *force.* La notion des corps sert à la physique, qui étudie des *propriétés*, des *lois*, des *causes*. En *chimie,* outre ces idées, apparaît la conception des atomes et de l'*attraction moléculaire*, de la *cohésion* et de l'affinité. Dans les *sciences naturelles* qui étudient l'organisation et la vie à leurs différents degrés, les idées de *genre* et d'*espèce*, de *cause finale*, d'*analogie*, jouent un rôle essentiel et continuel.. . . . .
. . . .

« Dans toutes ces sciences sont mêlés, à l'observation et aux raisonnements, des *axiomes* sans lesquels il est impossible de faire un seul pas, et dont la nature et l'origine ne sont pas davantage l'objet d'un examen approfondi. S'il est une science qui s'occupe spécialement d'analyser et de discuter les principes des autres sciences, de les coordonner et de les réduire en système, il est clair que, sans s'engager dans des recherches particulières, elle pénètre au cœur de chacune d'elles et constitue leur centre commun. Toutes tiennent à elle par ce qu'elles ont de plus élevé, leurs principes. Elle représente l'unité de la science qui, une dans son principe et son objet, ne s'est divisée que pour répondre aux besoins de l'analyse et à la faiblesse de l'esprit humain.

« Elle est la science des sciences, la science première, d'où elles sont toutes sorties, comme les rameaux du même tronc.

« Toute science spéciale n'est qu'un fragment de la science universelle (*la science du mouvement*).

« Quand on a étudié les faits ou les vérités qui forment son domaine, l'on sent le besoin de réunir, de coordonner, de systématiser. Le résultat final de cette tendance systématique est une théorie qui ramène tous les faits particuliers à une loi générale, et groupe toutes les vérités de détail autour d'une vérité qui les contient et les explique.

« La place que chaque science occupe dans le système général des connaissances humaines se trouve fixée; l'unité de la science reparaît. Partie de l'unité, elle y retourne. Ce détail de généralisation dans toutes les sciences, et qui les couronne, est éminemment philosophique. »

De tout ce qui précède, nous sommes donc fondés à considérer la *science du mouvement* dans ses principes particuliers et ses applications générales, comme étant d'une utilité primordiale en équitation. Nous avons encore besoin de nombreuses et patientes recherches des faits physiques, à l'explication des phénomènes que la philosophie tente de découvrir. Mais, à mesure que les études physiologiques, qui se rattachent à l'équitation, acquièrent plus d'importance, il devient nécessaire de donner à celle-ci une base plus exacte.

Nous engageons donc tous ceux qui s'occupent d'équitation à lire ce petit ouvrage avec une entière impartialité, afin que chacun puisse contribuer, dans la limite de ses forces, à affermir cette base, la plus utile des connaissances à acquérir pour assurer les progrès en équitation, nous voulons dire : *la science du mouvement*.

Observation transitoire. — A-t-on, en équitation, suffisamment pris en considération les phénomènes physiologiques qui s'accomplissent dans le *mouvement hippique*? A-t-on repris en entier le domaine du cheval et de la nature? A-t-on observé ces choses au lieu de les imaginer, au lieu de répéter et d'imiter ses prédécesseurs? Nous pouvons, sans craindre d'être contredit, répondre par la négative.

Telle qu'elle est encore aujourd'hui, la science de l'équitation n'est point encore une science, c'est une simple pratique réduite à d'étroites théories, réglementées par des principes qui enchaînent, sans aucun profit pour les progrès de l'art, l'intelligence et la volonté de l'animal.

Nous allons, à l'aide de notre travail, appuyer notre dire et montrer, en quoi et comment les systèmes théoriques et pratiques d'équitation, présents et passés, pèchent par la base, et prouver qu'il y a une science positive de l'équitation; en envisageant la science du mouvement, totalement négligée jusqu'à ce jour, pour y puiser les principes les plus directs à la solution de la conduite du cheval.

C'est dans le cours de physiologie comparée de *M. Béclard*[1], et dans un ouvrage remarquable de *M. Dally*, traitant de la cinésio-

---

[1] Professeur à la Faculté de médecine de Paris, etc.

logie ou *science du mouvement*, que nous avons puisé les principaux matériaux de cet opuscule. C'est à ce dernier ouvrage principalement, à l'élévation de ses vues, à la justesse de ses considérations, que nous devons d'avoir pu transformer nos appréciations, de l'état de vague hypothèse, à l'état de principes rationnels.

Voici comment s'exprime *M. Dally*, dans la préface de son livre, à propos du titre de son ouvrage :

« Pour désigner plus spécialement l'idée de la science et de la théorie des *cinèses* et de leurs rapports, le terme de *cinésiologie* nous paraît le plus propre.

« Les Grecs entendaient par le mot *cinèse*, toute espèce de mouvement dont la figure, le rhythme, la mesure, étaient exactement déterminés, comme dans la pantomime, la danse et les autres exercices. Quant à l'ensemble des cinèses, constituant une formule spéciale appropriée, nous lui conserverons la dénomination d'*exercice*, dont la vraie signification se déduit de sa racine même, *erc* ou *arc*, signe de l'idée générale *serrer*, *comprimer*, et de *ex*, dehors; d'où *exercer*, desserrer, dégager les organes et les membres, ôter les obstacles qui s'opposent à la liberté des mouvements naturels. Ce terme aurait pu aussi servir de titre à l'ouvrage, mais il nous a paru plus convenable et plus rationnel de composer ce titre de l'élément même de l'exercice, c'est-à-dire du mouvement plutôt que de ses effets.

« Les trois mots *cinésie*, *cinésique*, *cinésitechnique*, rappellent, chacun, la notion de l'art ou de la science du mouvement artificiel; mais l'idée de l'art et de la pratique y prédomine.

« Ces expressions ne sont pas nouvelles. . . . .
. . . .
L'illustre Ampère a même introduit dans sa belle classification des sciences le terme *cinethmique* pour désigner la science du mouvement en général, et, depuis, on rencontre ce terme dans tous les traités de physique et de mécanique.

« Nous avons donc adopté le titre de *cinésiologie* ou *science du mouvement,* et sous sa dépendance se trouvent : la *cinésie hygiénique*, la *cinésie thérapique*, la *cinésie éducationnelle*. »

Ce qui précède nous autorise, croyons-nous, à donner à notre étude théorique et pratique d'*équitation rationnelle* le titre de **cinésie** *équestre*, puisqu'elle comporte les mêmes éléments de science et les mêmes rapports physiologiques qu'enseigne la cinésiologie.

Cette étude est donc destinée à envisager les phénomènes du mouvement dans leurs rapports anatomiques, mécaniques, physiques, et psychologiques qui se rattachent à la *physiologie* et dans leur connexion avec la machine vivante en action.

De ces études, nous déduirons les principes de l'art de l'équitation considéré dans ses applications au *dressage* du cheval; et, sur ces principes, nous essayerons, enfin, de définir le système le plus rationnel où les effets des mouvements de la locomotion puissent être expérimentés au profit de l'art, ce qui ressortira, à la fois, de l'étude des mouvements naturels des agents tant intérieurs qu'extérieurs de l'organisme et de l'exercice raisonné des mouvements auxiliaires ou tactiles du cavalier.

Indépendamment de cet avant-propos qui donne un aperçu de l'importance de l'étude de la science du mouvement, indispensable aux connaissances hippiques, nous avons divisé notre travail en six parties principales, savoir :

La *première partie* embrasse, dans des considérations générales, l'état actuel de l'art de l'équitation.

La *deuxième partie* traite de la physiologie animale, et des divers systèmes de mouvement qui composent l'organisme.

La *troisième partie* étudie la théorie des forces impulsives, dans leurs rapports avec les forces motrices, selon les lois de la dynamique; ainsi que des phénomènes physiques qui exercent une influence directe sur l'organisation.

La *quatrième partie* envisage les facultés sensoriales du cheval, en un mot la psychologie animale.

La *cinquième partie* donne, d'après la science du mouvement naturel du mécanisme vivant en action, les notions du mouvement auxiliaire des *aides*.

Enfin, la *sixième partie* conclut, d'après ces études, à une méthode rationnelle dont les principes (réglés selon leur puissance, d'après les causes physiologiques et psychologiques) déterminent ce que l'on doit entendre par l'équilibre hippo-dynamique; ce qui nous a amené à prouver que la conduite du cheval doit trouver ses bases théoriques dans la *science du mouvement*.

PREMIÈRE PARTIE.

CONSIDÉRATIONS GÉNÉRALES
SUR L'ENSEMBLE DES CONNAISSANCES ÉQUESTRES.

INTRODUCTION.

> « Les destinées de la science sont celles de l'esprit humain ; comme lui, elles marchent à la conquête d'une perfection sans limites. »
> J. Béclard.

« L'homme, dit *M. Béclard*, a observé et a expérimenté; il observera et expérimentera, il comparera et interprétera. » Nous avons été à même, pendant vingt-cinq ans, d'observer, d'expérimenter et d'interpréter, ce qui nous a conduit à constater que, s'il y avait, en équitation, plusieurs systèmes qui s'excluaient les uns les autres, il ne pouvait y avoir que la science universelle, d'où dérivent toutes les autres, qui pût nous guider sûrement dans l'art de l'équitation : c'est la *science du mouvement*.

Quelque imposant que soit, en apparence, le nombre des ouvrages d'équitation, il ne s'en trouve aucun, à notre connaissance, qui traite, d'une manière suffisamment utile, de la théorie du *mouvement* et des actes *psycho-physiologiques* du cheval au point de vue de toute étude d'équitation raisonnée.

Malgré les précieuses données que les auteurs anciens nous ont laissées ; malgré les ouvrages remarquables qu'a produits l'*Ecole de Versailles;* malgré les principes nouveaux que l'on doit, surtout, aux savantes combinaisons du système *Baucher;* malgré tant de moyens ingénieux, l'observation de tous les jours montre, aux moins attentifs, qu'il reste encore bien des conquêtes à faire dans l'art de l'équitation.

Chaque créateur de système moderne pose les mêmes questions à sa manière, et, s'imaginant avoir mis la dernière main à l'éducation du cheval, il espère que tous vont s'incliner devant l'évidence de son système. Hélas! sa méthode est repoussée à son tour, et remplacée par une autre qui subit le même sort, et ainsi de suite.

Du reste, à regarder de près, les écrivains jouent presque tous le rôle de l'abeille : ils butinent et récoltent les idées qu'ils n'ont pas semées et ne sont, à vrai dire, que les secrétaires de leur temps. Nous ne prétendons nullement faire exception à la règle.

Les idées fondamentales de cette étude appartiennent à la science; la seule chose que nous puissions réclamer, c'est leur combinaison appliquée à l'art de l'équitation; ainsi que leur coordination établie au moyen de données de la physiologie, et de la *psychologie animale* qui traite de l'*entendement* et des facultés instinctives.

Depuis longtemps déjà, nous nous sommes mis à la recherche des faits particuliers de ces deux sciences pour en découvrir les lois. Se reproduisant sous mille phénomènes divers, elles nous enveloppèrent en prenant chaque jour plus de place dans nos études. Elles nous pénétrèrent, enfin, en nous donnant l'explication de bien des choses cachées, et nous montrant la ruine des systèmes en vigueur dans l'unité de leur principe.

Nous nous sommes attaché, à allier la science et l'art du présent à la science et à l'art du passé, et à éclairer ainsi notre travail du savoir de la tradition, ainsi que des lumières actuelles que des expériences physiologiques ont fait surgir, et à appuyer de la sorte nos raisonnements de dires d'hommes connus par leur mérite et leur savoir dans la science; aussi ferons-nous, dans le cours de nos considérations, de nombreuses citations puisées dans divers ouvrages spéciaux.

Dans cet examen destiné, avant tout, à poser des principes, nous n'avons pu éviter des redites inévitables; mais nous avons fait en sorte de supprimer les détails; c'était le moyen d'en rendre la marche plus rapide et l'exposition plus claire. Nous avons cherché, autant que possible, à nous rendre intelligible pour tout le monde, afin d'en appeler au jugement de tous ceux qui pratiquent sérieusement l'équitation; mais nous avons tenu, en même temps, à ne rien sacrifier, pour cela, de l'importance du sujet.

Afin d'orienter le lecteur dans nos explorations, lui faire apprécier la nouveauté de nos recherches, nous allons consacrer cette première partie à embrasser, dans des considérations générales, l'ensemble de nos appréciations, en opposition à l'état actuel de l'équitation.

I. De l'art de l'équitation. — Les auteurs qui se sont occupés, avec quelque soin, de l'art de l'équitation et des principes à y apporter ont, presque tous, senti la nécessité d'étayer leurs principes sur les connaissances physiologiques.

« Comment, en effet, dit *M. Béclard*, décrire avec exactitude, apprécier et limiter sûrement les mouvements de la machine animale, et déterminer le résultat de ses mouvements, si l'on ne connaît pas d'avance la composition de sa structure et de ses propriétés? »

Chaque auteur sérieux a, par conséquent tiré de la physiologie son système théorique d'enseignement, mais sans s'être pénétré, paraît-il, de l'harmonie des propriétés de la matière vivante.

La majorité de ces écrivains a reconnu, avec raison, des puissances distinctes dans l'organisme animal, mais, au lieu de les rendre solidaires dans leur mécanisme et leurs effets, la plupart en ont fait des systèmes particuliers et indépendants.

Le plus grand nombre a encore admis la machine animal comme pouvant être soumise à l'action directe des *aides* du cavalier, mais sans tenir aucun compte de l'influence nerveuse et des propriétés centrales du cerveau. Certains d'entre eux ont, en outre, accordé au cheval une certaine dose d'intelligence, dans toute l'acception de ce mot; tandis que, d'après la science, les facultés cérébrales de l'animal, réduites à l'influence des sens, ne sont exercées que sous l'ascendant de l'instinct.

Et, dans l'étroite relation que certains auteurs s'accordent à admettre en équitation entre les deux forces *actives* (l'une impulsive l'autre motrice), pas un lien n'a été déterminé qui puisse les rapprocher, les unir; rien, dans leurs considérations, en un mot, qui puisse nous faire distinguer l'effet de la cause.

Les ouvrages les plus justement appréciés reconnaissent, il est vrai, la nécessité d'étudier les conséquences dynamiques et physiologiques qui régissent l'organisme animal, et d'apprécier les lois physiques et mécaniques qui gouvernent la puissance musculaire du cheval. Mais, presque tous se contentent d'en mentionner l'importance, et se bornent à envisager le mécanisme des agents moteurs de la machine et l'action des muscles sur eux.

En vain, cependant, étudiera-t-on avec fruit les lois de la *locomotion*, en vain mettra-t-on en relief les différentes situations dynamiques qu'enseignent, à juste titre, certains ouvrages; en vain voudra-t-on en faire ressortir les bases d'une méthode capable de rattacher les mouvements entre eux, à un ordre particulier de forces prédominantes; tous ces efforts ne pourront aboutir qu'à un résultat imparfait et toujours incertain, on n'aura jamais qu'une lutte de tous les instants avec la matière. Car, il faut non-seulement chercher, au moyen de l'analyse et au point de vue dynamique, le mode d'action de chaque organe de la locomotion indissolublement liés les uns aux autres; mais, il faut encore les étudier dans leur ensemble, dans leurs résultats physiologiques, et les envisager, en outre, dans leurs conséquences et leur corrélation avec les facultés instinctives de l'animal.

Cette double lacune des auteurs, au lieu de diminuer le nombre des explications, ne fit que les multiplier, et devint la source d'erreurs et de systèmes impossibles. C'est ainsi que s'est trouvée interceptée la seule voie sûre vers le progrès de la science; ces connaissances étant les premières à acquérir pour déterminer les effets des *aides*, et assurer leur puissance sur les facultés du cheval.

II. De la science du mouvement. — Avant d'observer et de juger, sur le fait, chacun des mouvements du cheval, ne reconnaît-on pas la nécessité de s'appuyer sur des notions fondamentales, et ne se demande-t-on pas quelles peuvent être la nature et l'origine du mouvement des facultés organiques de l'animal? On est loin, il est vrai, de connaître le mouvement physiologique dans son essence propre, d'apprécier tous les phénomènes qui le font naître, et ceux qu'il détermine dans l'organisme vivant.

Cependant, « jamais, dit *M. Béclard*, on n'a observé la nature sans le mouvement; le mouvement et la matière sont inséparables;

la matière n'est en réalité que la concentration des corps, et les corps n'existent que par le mouvement. L'attraction, la chaleur, le magnétisme, l'électricité, phénomènes que nous présentent les corps, ne sont que des mouvements exercés en deux sens contraires. Or, supprimez le mouvement, et le monde est anéanti. Le mouvement n'est donc pas une propriété accidentelle ou contingente, c'est une qualité nécessaire sans laquelle le corps ne peut être conçu. »

Si, jusqu'à présent, les phénomènes du mouvement ont échappé à l'attention des écuyers les plus expérimentés, ou bien s'ils ont été confondus par eux, sous diverses dénominations, avec d'autres phénomènes qui les précèdent, qui les suivent ou qui les accompagnent, et qui sont tantôt la cause, tantôt l'effet, cela tient aux données sur lesquelles se sont fondés leurs principes.

De patientes recherches, relatives aux actes de ces phénomènes, nous ont permis de saisir, dans leurs vrais rapports, un grand nombre de faits, dont l'ensemble doit constituer l'une des divisions les plus naturelles et les plus importantes de la science de l'équitation.

Nous écarterons, autant que possible, de notre examen physiologique, tout ce qui ne touche pas en propre à ces considérations. Cette élimination n'est pas facile.

« Car, dit *M. Béclard*, tout ce qui rentre dans l'étude de l'organisme animal et de ses fonctions touche plus ou moins à toutes les branches de la physiologie. »

Nous ferons en sorte, néanmoins, de rester dans des limites très-restreintes, mais suffisantes cependant à l'éclaircissement de notre sujet.

III. De l'examen psycho-physiologique. — On admet communément que l'étude de l'animal vivant peut être nettement définie par la science physiologique; mais l'examen psychologique (nous voulons dire l'appréciation de l'*entendement tactile* et des facultés instinctives de l'animal) n'enseigne-t-il rien? Si la première tire, de la connaissance des organes, tout ce qu'elle doit comprendre des phénomènes de l'existence, le second ne peut-il découvrir et juger les déterminations instinctives, par l'observation de l'organisme?

C'est de cette étude connexe, envisagée rigoureusement comme elle doit l'être, que dépend cependant la connaissance du cheval; la plus utile, puisqu'elle embrasse, directement ou indirectement, et dans toutes leurs applications ou combinaisons possibles, toutes les connaissances du *mouvement hippique*.

Si les connaissances de l'organisme doivent diriger l'étude des divers modes de locomotion, dont les mouvements restent toujours subordonnés aux lois de l'équilibre, ne peuvent-ils être embrassés dans leur ensemble, et, de plus, être considérés sous certains points de vue particuliers des sensations, propres à déterminer les propriétés qui les font naître?

Ces sensations ne fixent-elles pas les mouvements, n'en circonscrivent-elles pas la force? ne font-elles pas voir très-nettement par quels rapports directs ils sont liés entre eux, et qu'ils restent toujours soumis aux impressions des sens et à cette force que l'on nomme l'instinct de conservation?

Aussi, dès lors que l'on a négligé l'étude des rapports qui existent entre les propriétés physiologiques et les facultés *psychologiques* du cheval, ces dernières facultés se sont trouvées forcément obscurcies dans le vague des suppositions et laissées à la dérive des idées les plus extravagantes de l'imagination.

Il ne pouvait en être autrement, du moment qu'aucun point de rattache ne pouvait fixer les résultats de l'observation et établir, par l'expérience, une connexité entre ces deux forces tout à fait inhérentes dans leurs effets.

IV. De l'analyse psycho-physiologique. — Pour peu qu'on veuille analyser, d'une façon rationnelle, les phénomènes des mouvements de la locomotion, on voit que les déterminations du cheval se produisent, en effet, soit d'après l'influence des impressions sensoriales ou instinctives de l'animal, soit par la puissance des *aides* exercés sur l'organe du tact par le cavalier. Or, ces divers phénomènes d'*expression*, partant d'un principe commun (le cerveau), peuvent-ils se fondre et être ramenés à une détermination commune?

C'est une entreprise peut-être hardie que de chercher à analyser les facultés instinctives de l'animal, d'envisager les impressions des sens, de considérer chacune des causes des excitations motrices, de chercher enfin à déterminer ce que les pressions tactiles du cavalier peuvent produire sur le cerveau par l'intermédiaire des nerfs, pour assurer leur prépondérance dans les perceptions cérébrales.

C'est nous mettre en opposition ouverte, nous le savons, avec ceux qui prétendent avoir une action *directe* sur la force motrice, tandis que « la science, dit M. le docteur *E*. *Dally*, nous enseigne et nous démontre que tout mouvement est consécutif à une impression centripète qui se réfléchit ; par conséquent, une impression agit par voie de sensation centripète sur un point particulier du cerveau, toujours le même pour une même pression, et le cerveau réagit, par l'intermédiaire de la moelle, sur un groupe musculaire correspondant aux cellules cérébrales qui ont été mises en mouvement. »

Quoique le mystère des causes premières nous soit impénétrable et que nous ne puissions comprendre comment un organe remplit sa fonction, il n'en est pas moins reconnu que nous pouvons, par l'observation et l'induction, apprendre d'une manière précise les conditions et l'ordre dans lesquels s'opèrent les phénomènes physiologiques du mouvement et comment les fonctions cérébrales exercent leurs influences sur lui.

Les uns ne reçoivent-ils pas les impressions, ne les transmettent-ils pas au cerveau ; lequel, à son tour, ne réagit-il pas sur les sens ? Il est donc nécessaire d'envisager cette double origine pour apprécier sûrement et déterminer efficacement le *mouvement hippique*.

Si nous considérons un instant les phénomènes de la locomotion, ne remarquons-nous pas que les mouvements des organes locomoteurs, s'accomplissent avec plus ou moins de facilité, et sont plus ou moins assurés dans leur exécution par une série de mouvements qui sont toujours soumis à la détermination de la volonté de l'animal, et que quelques auteurs attribuent soit à la puissance exclusive du cavalier, soit à des actes raisonnés du cheval ?

Or, l'étude de l'organisme animal peut amener la connaissance de l'*expression* des sensations instinctives de même que *celle* des sensations transmises et, par conséquent, définir ce conflit.

Tel est l'un des problèmes des plus difficiles et cependant des plus importants à résoudre, nous voulons dire la recherche des actes des transmissions tactiles et des actes des déterminations instinctives.

Mais, quel que soit l'intérêt qui se rattache à cette étude, nous dirons, tout d'abord, que le cheval, comme tous les animaux, agit fatalement en vertu de ses dispositions organiques, et que l'on peut dire, d'une manière générale, que l'étendue de ses facultés est en raison du développement du système nerveux, ou du degré de dressage auquel le cheval est parvenu ; et que ses actes instinctifs, que l'on attribue à son intelligence, répondent d'une manière déterminée et fatalement nécessaire aux impressions internes et externes ; qu'enfin, tous les mouvements obtenus par les pressions tactiles du cavalier ne sont que le fruit de l'habitude et d'appels faits à la mémoire du cheval ; et qu'en un mot, selon l'expression d'un célèbre physiologiste, l'animal est une organisation ou, mieux encore, une machine vivante en action.

V. De l'étude des rapports entre le cavalier et le cheval. — Peut-on connaître, par l'observation, les causes qui provoquent et maintiennent les rapports qui peuvent s'établir entre le cavalier et le cheval ? et ces rapports peuvent-ils, à leur tour, nous fournir, par l'expérience et le raisonnement, les moyens d'initiation qui doivent être employés dans la direction du cheval de selle ?

Telles sont les questions que notre travail a pour but de résoudre, en remontant dans nos recherches jusqu'à l'étude des phénomènes sensitifs de l'organisation. Car, par une analyse persévérante, on s'habitue à remonter des effets les plus simples en apparence aux causes les plus compliquées, et à découvrir celle qui, dans chaque mouvement, donne la principale impulsion.

Il s'agit, avant tout, de chercher le lien qui réunit l'acte du mouvement de deux volontés bien distinctes en une seule exécutrice : au cavalier appartient, il est vrai, de préciser le *mouvement*, d'imposer sa volonté, mais au cheval *seul* revient l'exécution.

Il faut que les deux forces, l'une impulsive, l'autre motrice, se distinguent, mais ne se séparent pas. Aucune initiative proprement dite ne doit être laissée à l'un ou à l'autre de ces foyers, dont l'union est la loi première. De cette connexité de rapport entre eux naîtra une nouvelle force d'attraction qui sera le lien nécessaire à cette union. Ces deux foyers s'attireront alors mutuellement, et, comme la physique nous l'enseigne, de leur union intime jaillira l'électricité, la lumière, la chaleur, en un mot, la vitalité! Par cette transformation, aucune de ces forces ne se trouvera perdue, loin de là, toutes les forces respectives seront concentrées et prodigieusement multipliées par leur mutuelle connexion.

Rechercher la nature, ou plutôt l'existence et les conditions de ce lien, sera donc un des points principaux de notre étude.

On verra bientôt par quelles conceptions nous avons été guidé dans nos recherches, et, sans toutefois poursuivre nos investigations au delà des rapports des *fonctions de relation* entre elles. Nous développerons successivement tous ces rapports avec les considérations que nous soulevons ici. Mais ce qu'il importe tout d'abord de faire remarquer, c'est qu'elles sont sorties principalement de l'étude physiologique, à l'aide des meilleures données que la science puisse nous fournir. Et, sans prétendre résoudre la question bien complexe de la transformation des *effets tactiles* en fonction d'ordre épidermique, dermique, physiologique et psychologique (*instinct, volonté*), mutuellement dans l'unité des forces motrices de l'animal, et réciproquement dans les pressions tactiles du cavalier, nous envisagerons cependant ces effets dans leurs rapports *actifs-passifs* et leurs conséquences *passives-actives* d'après les considérations les plus importantes à étudier. Car ces connaissances constituent, selon nous, la science de l'équitation.

Avant d'entreprendre cette tâche difficile, nous croyons devoir, pour l'édification de nos principes, jeter un coup d'œil sur la *nouvelle École* d'équitation, laissant de côté, sans toutefois les dédaigner, les anciennes traditions dont *M. D'Aure* a été, en quelque sorte, le représentant.

VI. De la nouvelle École d'équitation. — Nous ne voulons pas formuler une appréciation exacte des diverses méthodes nées du système *Baucher*, ni engager de discussion sur les différents principes qu'elles préconisent; cela nous entraînerait trop loin. Notre jugement définitif ressortira naturellement, nous l'espérons du moins, de l'ensemble de notre travail.

Ce que la méthode *Baucher* a fourni de recherches, d'essais, de considérations nouvelles et d'écrits plus ou moins instructifs est très-significatif. Tous les travaux qu'a enfantés ce système déposent hautement de l'influence que ses principes exercent sur les esprits.

Il ne faut donc pas s'étonner qu'une œuvre de cet ordre, malgré ses exagérations et ses imperfections, ait fait révolution dans l'art de l'équitation, et qu'elle lui donne sur les méthodes anciennes une supériorité évidente.

Aussi, depuis quelques années une *nouvelle école* s'est-elle érigée sur les bases du système *Baucher ;* chaque auteur, selon ses vues, a formulé un système qu'il présente naturellement comme le meilleur. Leur examen nous offre à peu près les mêmes procédés dans la combinaison des aides. Ils ne diffèrent, en général, que par des appréciations diverses sur l'équilibre hippique et sur des données, plus ou moins étendues et savantes, du mécanisme de la locomotion. Nous engageons le lecteur à étudier, dans les ouvrages de *M. Raabe*, cette partie importante de l'équitation.

VII. Du système Baucher. — *M. Baucher*, sortant de la voie des simples effets des aides, donne pour base à son système une rigueur d'observance, dans leur application, inconnue à ses devanciers. C'est pour cela qu'il a droit d'être considéré comme le fondateur d'une méthode nouvelle. Nous ne devons donc pas nous étonner que *M. Baucher*, comme tout novateur, ait été en butte à l'opposition de ceux dont il renversait les doctrines.

Ce double travail de savoir pratique et d'analyse en sens opposé et hostile, qui s'est manifesté alors dans l'art de l'équitation, loin d'affaiblir l'idée de l'utilité des connaissances physiologiques, tendit, au contraire, à faire mieux ressortir et la nécessité de l'étude de ses éléments et l'importance du perfectionnement des effets des aides.

Malgré tout, il y a peu d'écuyers aujourd'hui qui refusent à *M. Baucher* d'avoir, plus qu'aucun de ses devanciers, mis en lumière l'équilibre du cheval. Il y en a même un certain nombre qui ont écrit sur ce sujet avec une louable impartialité. Mais, à quelque hauteur que l'on veuille placer le mérite de *M. Baucher*, il est regrettable que cette intelligence, si vigoureuse dans l'application de sa méthode, ne soit pas de la même force dans ses démonstrations. Sachant si bien relever les erreurs de ses contradicteurs, comment n'a-t-il pas su combler les lacunes de ses principes par l'étude psycho-physiologique, totalement négligée et cependant si importante à la connaissance des facultés du cheval? Comment n'a-t-il pas su trouver une synthèse, une méthode de composition qui aille des principes aux conséquences, ce qui lui eût assuré une suprématie définitive sur les écoles antérieures.

Il est vrai que, dans les dernières éditions de ses ouvrages, il semble faire un retour sur lui-même. On le voit livré au doute sur quelques-uns de ses principes et y apporter des modifications; mais, irrésolu dans ses nouvelles conceptions, il fait de nombreux essais qui attestent l'état flottant dans lequel il se débat, sans pouvoir et sans savoir en sortir. Ces changements ne sont guère favorables aux progrès hippiques, ainsi que le fait très-judicieusement apprécier *M. Gerhardt*, officier supérieur de cavalerie, dans un de ses écrits[1] très-estimés avec raison par l'heureuse disposition de leurs idées.

Quoi qu'il en soit, c'est au talent de *M. Baucher* qu'est dû d'avoir fondé des principes qui peuvent enchaîner les rapports du cavalier et du cheval, malheureusement sans les avoir envisagés dans leur connexion; d'avoir précisé les effets des *aides*, mais sans en avoir distingué les causes; d'avoir présenté des rapports d'équilibre qui doivent s'établir entre l'homme et l'animal, mais sans en avoir déterminé l'union intime.

Par d'heureuses combinaisons enfin, il faut le reconnaître, il a su s'emparer des facultés du cheval; mais, il faut le dire aussi, ce résultat, par sa méthode, est exclusivement réservé aux organisations privilégiées et des plus heureusement douées.

Du reste, quelles que soient les grandes imperfections du système *Baucher*, il a le mérite d'avoir attiré l'attention plus qu'un autre, et d'avoir réussi, mieux que tout autre, à rendre l'étude du cheval attrayante et à provoquer les recherches méthodiques sur les aptitudes de l'animal.

---

[1] *Vérité sur la Méthode Baucher (ancienne et nouvelle).* — Paris, 1869.

CONCLUSION DE LA PREMIÈRE PARTIE.

Ces considérations doivent suffire pour faire sentir que la science de l'équitation a besoin d'être encore beaucoup étudiée dans les éléments constitutifs qui la composent et dans leurs conséquences, et qu'au point de vue pratique les théories anciennes, comme tant d'autres méthodes nouvelles, pèchent d'une manière évidente, par l'absence d'étude, à la fois *subjective* et *objective*, sur laquelle doit reposer toute équitation rationnelle.

Nous entendons, par l'étude *subjective*, le travail incessant de l'accord des effets des aides dans les excitations tactiles en rapport avec les lois de la locomotion, et, par l'examen *objectif*, l'observation scrupuleuse de l'action de ces effets sur l'organisation, ainsi que la recherche attentive de la réaction réciproque de l'organisme mécanique et du cerveau, provoquée par l'impulsion motrice ; c'est-à-dire donner un soin tout particulier aux facultés physiques et psycologiques, en envisageant, d'après un célèbre physiologiste, dans toute leur profondeur, les sensations diverses, pour en apprécier la valeur relative et l'équilibration dynamique intérieure et pour les diriger vers cet état d'harmonie, où l'ensemble des mouvements présente les meilleures conditions dynamiques, où le corps contient, pour ainsi dire, la plus grande somme de force virtuelle.

Les préceptes qui ressortent des méthodes en vigueur peuvent se résumer ainsi : une méthode de conduite du cheval étant donnée, trouver les moyens d'y adapter les forces de l'animal ; tandis que notre problème d'application théorique est celui-ci : les puissances physiques et instinctives du cheval étant données, trouver, dans les puissances tactiles du cavalier, le milieu qui convient au développement normal physiologique et psychologique de l'organisation animale.

Aussi, déclarons-nous que toute méthode rationnelle qui adoptera cette base de conduite où s'établira un foyer commun de forces et la liberté d'action nécessaire à l'expression naturelle du *mouvement*, tirera le meilleur parti possible des facultés organiques de l'animal. Car, nous le prouverons, la conduite du cheval dépend moins de la multiplicité des moyens que du bon emploi de ceux qui sont à la connaissance de tous. Et tous les prodiges de la science n'aboutiront à rien, si l'on néglige le véritable but que tout auteur doit se proposer : c'est-à-dire rendre l'art de l'équitation abordable à quiconque veut l'étudier.

Nous avons donc cru nous rendre utile, en envisageant les rapports d'union qui doivent exister entre le cavalier et le cheval, en traitant, sous un jour différent jusqu'alors, des moyens d'action du cavalier, de leurs propriétés de concentration et de transmission de forces ; enfin, en discernant, d'après la science, la coordination des organes de la locomotion et la connexité du système nerveux dans la production des mouvements musculaires; en déterminant, en un mot, l'importance de la *science du mouvement* dans l'art de l'équitation.

Nous avons pensé ne pas devoir nous arrêter à un simple aperçu des facultés du cheval, et à poursuivre, sans faiblir, l'examen des phénomènes psycho-physiologiques de l'animal.

La science, comme nous le verrons, remplit cette tâche avec un plein succès ; d'où l'on peut tirer des conclusions frappantes et des plus concluantes au profit de l'art de l'équitation.

Ces études ont pour objet d'enseigner les moyens d'acquérir l'art par la science, et non pas, comme on pourrait le croire, d'inculquer l'art lui-même. Ce n'est donc pas pour les esprits pompeux ou pour les insouciants que nous écrivons, qui, s'ils ne se figurent pas avoir la science infuse, se font fort de s'en affranchir. Mais notre but est d'aider tous ceux qui ont le désir d'acquérir les connaissances nécessaires, à cet art, si noble et si utile.

Nous croyons, du reste, ces idées assez fortes pour se défendre et se faire jour d'elles-mêmes, et nous avons toute confiance qu'elles finiront par appeler l'attention des hommes sérieux et par mériter leur approbation.

DEUXIÈME PARTIE.

DE LA PHYSIOLOGIE ANIMALE [1]

CHAPITRE Ier.

CONSIDÉRATIONS GÉNÉRALES.

ARTICLE Ier.

Notions préliminaires.

La physiologie est la science de la vie animale. Toutes les sciences physiques et psychologiques s'y rattachent. Son étude a pour but la recherche des propriétés de la matière vivante en action.

« L'animal, comme tout être vivant, est soumis aux lois de la matière organisée et n'entretient son existence que par un échange incessant avec les choses du dehors.

« Que l'animal soit sensible aux impressions tactiles, qu'il voie, qu'il entende, qu'il sente, qu'il goûte, etc.; ces divers phénomènes, ces instincts nés de ses besoins, tendent toujours à la conservation de son individu.

« Par différentes fonctions qui concourent à sa conservation, l'animal, doué de facultés instinctives, a la propriété de réagir sur les éléments qui l'entourent, d'associer ces éléments en combinaisons nouvelles, et de les transformer en sa propre substance. »

---

[1] Les considérations spéciales de cette *deuxième partie* sont tirées du *Traité de physiologie comparée*, de M. J. Béclard (édition de 1859).

La physiologie nous enseigne de procéder, par l'observation des phénomènes physiques et instinctifs, à la recherche des effets intérieurs et extérieurs, et de leur action cachée; de saisir et comprendre leur cause, leur origine; de surprendre et voir agir, dans les profondeurs que la philosophie tente d'éclairer, les lois immuables et l'ordre harmonieux qui les dirige.

L'étude de la physiologie nous est donc indispensable, car, avant tout, il nous faut connaître la nature des propriétés physiques et des fonctions organiques de l'animal; alors, mais seulement alors, nous pourrons utilement considérer les facultés psychologiques, nous entendons par là les phénomènes de l'ordre sensitif et instinctif de l'*entendement* de l'animal.

En insistant sur la psychologie, comme branche de la physiologie, dit *M. Béclard*, nous n'avons pas la pensée de l'en séparer ou d'en faire une science à part; mais analyser ces fonctions partout liées ensemble, et constater les influences exercées sur elles par les agents extérieurs qui favorisent ou entravent leur action.

Nous croyons nécessaire, pour pénétrer le mécanisme compliqué de l'organisation des fonctions de relation, de rassembler, sous un certain nombre d'articles, les phénomènes qu'elles présentent à l'observation, pour les envisager ensuite dans leur ensemble et dans leurs rapports réciproques.

ARTICLE II.

De l'organisme animal.

Le corps de l'animal est composé tout à la fois d'un certain nombre d'éléments chimiques à l'état solide, liquide et gazeux. De la réunion de ces matières en un même système, résultent des parties contenantes et des parties contenues. Les *tissus* sont formés par un assemblage de fibres plus ou moins régulièrement arrangées.

Les tissus, en s'arrangeant diversement, composent les organes. Ce sont des instruments au moyen desquels la vie se manifeste; chacun d'eux a une manière d'être spéciale en rapport avec le rôle qu'il doit remplir.

Les organes qui fonctionnent dans un but commun forment des appareils.

On donne le nom de système à l'ensemble d'un même tissu : ainsi, on a le système nerveux, le système musculaire, le système osseux, etc.

Cet ensemble d'appareils, réunis sous une même enveloppe et animés d'un principe vital, phénomène de l'existence, se nomme organisme ; lequel est divisé en un certain nombre de parties principales ou organes.

La forme sphérique caractérise les diverses parties du corps et l'ensemble du corps lui-même.

Ces organes, ces appareils sont mis en mouvement par leur spontanéité propre. Cette force paraît inhérente à la matière organisée et ne saurait en être séparée. Elle révèle son existence par des effets merveilleux ; sa manière d'être est très-complexe. Toute action partielle ou d'ensemble ne peut donc être conçue sans le secours de cette *propriété vitale*.

C'est à ce principe qu'on a donné le nom de *force vitale*, qui anime toute matière organisée. Cette force se manifeste sous plusieurs modes de développement : la *sensibilité* et la *contractilité* sont les principaux.

La *sensibilité* est cette propriété que possèdent les organes vivants de ressentir l'impression faite sur eux par les corps étrangers, et d'en donner le sentiment du bien-être ou du mal-être à l'animal.

La *contractilité* est une propriété en vertu de laquelle les organes se contractent et exécutent des mouvements.

Une sorte d'équilibre organique harmonise alors le corps de l'animal et assujettit le jeu du système locomoteur à ne pas franchir les limites compatibles avec leur développement.

Le jeu de ces fonctions (*sensibilité, mouvement*), autrement dit du système nerveux et des organes de la locomotion, est astreint à des périodicités d'action et de repos ; intermittences nécessaires à cet équilibre.

Les phénomènes de l'organisme sont très-nombreux, leur accomplissement exige le concours de tous ses appareils. On donne le nom de *fonctions* aux actions complexes, successives ou simultanées des organes, ou des systèmes d'organes, isolément examinés, pour en connaître les effets.

ARTICLE III.

Des fonctions.

On divise le grand nombre d'actions ou de fonctions de la vie organique, pour les étudier dans leurs effets, en trois classes principales, ce sont : 1° les fonctions de relation ; 2° les fonctions de nutrition ; 3° les fonctions de génération. Pour en compléter l'étude, nous croyons devoir y joindre les fonctions de *centralisation*, qui appartiennent à l'innervation.

Dans la première classe sont comprises les fonctions, au moyen desquelles le cheval se met en relation avec les objets extérieurs, possédant, en effet, des organes propres à faire reconnaître l'existence des corps environnants, c'est-à-dire les *sensations* qui comprennent la *vue*, l'*ouïe*, l'*odorat*, le *goût*, le *toucher*, autrement dit le *tact*.

Dans la seconde classe, sont rangées les opérations par lesquelles le corps assimile à sa propre substance, par la formation et la transformation incessantes des parties dont le corps de l'animal est composé, des matériaux capables de réparer les pertes continuelles qui s'opèrent dans le mouvement.

Dans la troisième classe sont les fonctions de reproduction.

Aux fonctions de relation, les seules que les bornes de notre travail permettent d'envisager, nous joindrons l'étude de l'*innervation*, c'est-à-dire l'ensemble des phénomènes de l'action nerveuse appréciée en elle-même et dans ses rapports avec les fonctions de relation ; le cerveau, étant le foyer où tout se rend et d'où tout revient, constitue selon nous une *fonction centrale*.

Toutes ces fonctions sont tellement unies et solidaires, ainsi que les organes qui les exécutent, que l'une ne peut s'exercer sans le secours des autres ; mais toutes les fonctions ne s'exécutent qu'au moyen des faisceaux nerveux qui aboutissent au cerveau. Là, toutes les sensations transmises du dehors sont concentrées, perçues, appréciées ; la puissance *instinctive* réagit alors, expédie, centralise, coordonne et réalise l'*unité d'action* par le fait de ces fonctions de *centralisation*.

CHAPITRE II.

DES ORGANES PASSIFS DE LA LOCOMOTION.

ARTICLE Ier.

Du squelette.

L'étude du cheval à l'état de squelette est très-importante pour se rendre compte du jeu des leviers osseux et de la puissance des muscles qui les font mouvoir.

Le squelette du cheval, comme tous ceux des animaux vertébrés, représente, dit M. *Béclard*, un tout symétrique qui résulte de l'ensemble des os réunis entre eux par les articulations. Le squelette a la forme et les dimensions du corps entier, dimensions et forme qu'il détermine en grande partie. La dureté et la rigidité des pièces qui entrent dans la constitution du squelette lui permettent de servir de support, de fournir des enveloppes protectrices aux centres nerveux et vasculaires, et aussi aux organes des sens, et surtout d'offrir des points d'attache aux muscles. Les articulations qui relient entre elles les diverses pièces osseuses du squelette donnent à ces pièces une mobilité qui permet, ou des positions variées d'équilibre, ou des mouvements, soit partiels, soit d'ensemble, dont l'étendue et la direction sont déterminées par la forme des surfaces osseuses qui se correspondent. . . . .
. . . .

ARTICLE II.

Des articulations.

« Les articulations des pièces osseuses du squelette se divisent en plusieurs groupes selon leur destination ; celles qui doivent attirer le plus notre attention, sont les articulations des membres qui sont parfaitement disposées pour les mouvements de la locomotion.

« Les surfaces articulaires sont encroûtées de cartilage. Ces cartilages, compressibles et élastiques dans une certaine mesure, sont des coussinets protecteurs qui, par leur élasticité, modèrent les chocs et les frottements, et résistent aux pressions dans les divers mouvements de la locomotion ou dans l'équilibre de la station ; leur existence est tout à fait indispensable à l'exercice des fonctions locomotrices : ce sont eux, en effet, qui assurent et conservent la *forme* des surfaces articulaires qu'ils recouvrent, et permettent ainsi l'accomplissement régulier des mouvements dévolus à chaque espèce d'articulation. En effet, que résulte-t-il de leur disparition ? Observons ce qui se passe surtout chez le cheval, où l'usure des cartilages diarthrodiaux est un résultat presque constant des efforts auxquels il est soumis, efforts souvent disproportionnés avec la résistance normale des tissus.

« Il arrive, quand les cartilages ont disparu, que les surfaces osseuses, dépouillées de leur calotte protectrice, ne peuvent résister aux forces concentrées sur elles ; elles obéissent et cèdent promptement aux pressions qui tendent à les déformer, et qui les déforment bientôt dans des sens variés et dans une plus ou moins grande étendue. Ces déformations apportent bientôt, dans la netteté, dans la direction et même dans la possibilité des mouvements, des entraves sans remède.

« Les surfaces articulaires sont maintenues dans leurs rapports par des ligaments formés d'un tissu fibreux résistant, qui s'oppose efficacement aux déplacements, et humectés comme les surfaces de frottement des machines par un liquide particulier destiné à favoriser les glissements. »

ARTICLE III.

Des tissus élastiques.

« Parmi les organes passifs de la locomotion, les tissus élastiques annexés au squelette jouent un rôle des plus importants.

« L'action musculaire, quelque intense qu'on la suppose, est une force essentiellement intermittente ; tout muscle ne se contracte qu'à la condition de se relâcher. Une contraction ne dure pas quelques minutes d'une manière permanente, sans amener bientôt un épuisement et une impuissance absolue. Une force *intermittente*, comme l'est la contraction musculaire, ne peut pas faire équilibre à une force *constante*, comme l'est la pesanteur, mais un ressort élastique (*ligaments jaunes*) remplit parfaitement cet office, tout en permettant les mouvements les plus variés.

« C'est pour la même raison que dans les quadrupèdes le tissu élastique est concentré à la région cervicale de la colonne vertébrale sous forme de ligament puissant (*ligament cervical*) proportionné au poids de la tête qu'il soutient. Le cheval, qui tient sa tête haute et presque dans la verticale, a, indépendamment du ligament cervical postérieur, une série de ligaments jaunes à la colonne cervicale, qui unit entre elles, en arrière, les lames des vertèbres, et concourt puissamment au maintien de la station verticale.

« Le tissu élastique n'est pas seulement annexé aux portions osseuses du squelette, on le trouve aussi dans d'autres parties, où il joue également le rôle de ressort. »

CHAPITRE III

DES ORGANES ACTIFS DE LA LOCOMOTION.

Des muscles.

« Le muscle animal[1] est constitué par un grand nombre de très-petits filaments, contractiles à volonté, qui, réunis par milliers, au moyen des enveloppes élastiques, représentent des fibres musculaires plus grosses. Celles-ci sont unies ensemble et avec les muscles au moyen de gaînes fibreuses placées à l'extérieur du muscle. Ils sont en communication avec le *derme* et les autres couches de la peau, ainsi qu'avec le tissu cellulaire en général, et, si le muscle est placé dans le voisinage des os, avec le périoste. De plus, l'enveloppe tendineuse du corps établit une plus ou moins grande connexion organique entre les muscles du tronc et des membres en général. Dans les muscles pénètrent un grand nombre d'artères, de veines et de vaisseaux lymphatiques, et les plus petites fibrilles du tissu muscu-

---

[1] D'après l'ouvrage de M. DALLY : *Cinésiologie*, p. 166. — Paris, 1857.

laire se trouvent enveloppées d'un épais réseau de vaisseaux capillaires. Dans le muscle courent aussi des nerfs en grand nombre; ils y prennent leur point d'attache, leur point de transition du *système nerveux moteur, ou système nerveux sensitif*. Les vaisseaux ont des membranes consistant en tissus tendineux; les nerfs ont des gaînes et enveloppes composées de semblables tissus. Que faut-il conclure de ces observations? dit M. Dailly.

« N'est-il pas clair que l'organe appelé muscle par les *anatomistes* ne peut être délimité organiquement, comme on le fait ordinairement, et qu'il consiste pour plus de moitié en sang, en lymphe, en masse nerveuse et en tissus tendineux, et que la plus petite partie seulement est composée de fibres, qui ont en propre une contractilité spontanée? Le sang et la lymphe obéissent non-seulement aux lois organiques, puisqu'ils sont animés, mais aussi aux lois hydrauliques; le tissu tendineux et élastique obéit également aux lois de l'élasticité, c'est-à-dire qu'étant comprimé il s'étend, et que, lorsque la pression cesse et qu'elle n'a pas duré trop longtemps, il reprend sa longueur normale; étendu en sens contraire, il reprend aussi sa longueur normale aussitôt que la force qui le tendait cesse d'agir. .
. . . .

« La fibrille particulièrement contractile des muscles (*fibrille musculaire*) paraît obéir à peine aux lois physiques, mais bien aux lois dictées par le libre arbitre au nerf moteur, et produire ensuite l'état que l'on appelle *contraction musculaire*. . . . .

« Les nerfs qui pénètrent dans le muscle et qui se transforment partie en filaments nerveux moteurs, partie en filaments nerveux sensitifs, appartiennent au système nerveux rachidien ou aux nerfs des tuniques vasculaires; ils pénètrent avec celles-ci dans le muscle et proviennent du système nerveux lymphatique. . . . .
. . . .

« *Les muscles* sont les agents actifs du mouvement, dit *M. Béclard*. Dans les mouvements de la locomotion, les os sur lesquels les muscles s'insèrent en sont les leviers passifs. Ces leviers, articulés entre eux de manières diverses, changent de rapport les uns avec les autres, lorsqu'ils sont mus par la contraction musculaire, et déterminent les attitudes et les divers mouvements. En mouvant les leviers osseux sur lesquels ils s'insèrent, les muscles de la locomotion meuvent d'ailleurs en même temps toutes les parties qui, groupées autour des leviers, constituent avec l'os lui-même les résistances que doit vaincre la *puissance contractile*.

« C'est donc par l'intermédiaire des leviers passifs (les os) que les muscles changent les rapports des parties dans les mouvements de la locomotion. »

CHAPITRE IV

DES MOUVEMENTS NATURELS OU PHYSIOLOGIQUES.

Il faudrait s'arrêter à tous les éléments de chaque système, de chaque appareil de l'organisme, pour faire l'énumération de tous les déplacements, de tous les mouvements spéciaux qui s'accomplissent dans la vie animale.

Sans toutefois préciser l'entière solution des causes et des effets qui engendrent les phénomènes du mouvement, on est arrivé, par des expériences physiologiques universellement admises par la science, à en déterminer l'origine.

Des mouvements de la locomotion. — « Les mouvements qui s'accomplissent dans l'économie animale, dit M. *Béclard*, sont nombreux et variés. Les mouvements les plus étendus et les plus saisissants sont les mouvements de totalité ou d'ensemble, c'est-à-dire les mouvements de la *locomotion* en vertu desquels l'animal change spontanément ses rapports avec les corps environnants et se meut dans les milieux qui les contient (*marche, course, saut*).

Les mouvements sont sous la dépendance du mouvement musculaire : mouvement de *contraction*, de *raccourcissement*, de *gonflement*, etc.; ils résultent en d'autres termes de la contraction des muscles.

Les tissus, comme nous l'avons dit, jouent également un rôle important dans les phénomènes du mouvement.

Par le terme *mouvement*, nous désignons donc l'action des membres, par laquelle le corps du cheval, soit d'après le libre arbitre de sa volonté et par les puissances des forces qui sont en lui, se transporte d'un lieu à un autre, comme la marche, le trot, etc. ; soit conséquemment par l'impulsion tactile des *aides* du cavalier qui détermine cette même volonté, laquelle provoque les mêmes forces motrices à l'accomplissement des différents modes de locomotion.

De la fibre musculaire. — « La composition intime de la fibre musculaire (*striée*) est en rapport avec la nature de la contraction. Cet ordre d'élément musculaire n'apparaît que dans les animaux vertébrés, où se dessine en même temps un système nerveux.

On peut dire que la nature volontaire ou involontaire de la contraction dépend bien moins de la structure intime des muscles que de la nature des nerfs qu'ils reçoivent.

De la contractilité musculaire. — « La fibre musculaire est *contractile*, c'est-à-dire que, dans certaines conditions déterminées, elle rapproche ses deux extrémités, et diminue ainsi de longueur. La contractilité d'un muscle a besoin, pour entrer en jeu, d'un *excitant*.

Dans la plupart des mouvements de la locomotion, tantôt l'excitant du mouvement est la volonté ; tantôt, en ce qui nous intéresse, l'*aide* du cavalier agit localement sur le muscle lui-même, ou tout au moins sur des points sensibles et voisins du muscle, pour produire cette volonté. Dans tous les cas, dit *M. Béclard*, le système nerveux est l'intermédiaire obligé de la contraction. . . . .

L'étendue de la contraction d'un muscle est proportionnée à sa longueur. . . . .

En même temps que le muscle se raccourcit, il augmente d'épaisseur. . . . .

Losqu'un muscle se raccourcit, il devient plus dur, plus résistant sous l'aide qui le presse. Il gagne en épaisseur ce qu'il perd en longueur ; en d'autres termes, son volume *absolu* ne change pas.. . . . .

Le muscle ne possède pas en lui-même la propriété contractile ; il doit cette propriété à sa liaison avec les éléments nerveux qui le pénètrent. Pour qu'il puisse se contracter *sous l'influence de la vo-*

lonté, il doit communiquer d'abord avec les centres nerveux par l'intermédiaire des nerfs.

Des muscles envisagés comme puissance active du mouvement. — « Les muscles présentent la force motrice qui, dans la machine animale, met en mouvement les leviers osseux. Les muscles agissent, pour produire le mouvement, de manières très-diverses. Les fibres qui composent le muscle représentent une multitude de forces partielles, dont le point d'application correspond à l'insertion du tendon qui les termine . . . .
. . . .

L'insertion des fibres charnues sur les leviers osseux, par l'intermédiaire des tendons, est, au point de vue mécanique, un artifice très-ingénieux, en vertu duquel un grand nombre de forces se trouvent fixées à des surfaces relativement très-peu étendues. De cette manière, les diverses forces qui agissent sur les leviers osseux peuvent être concentrées presque entièrement autour des articulations. . . . .

Les tendons qui reçoivent l'effort définitif des fibres musculaires ont une force de résistance considérable et sont à peu près inextensibles.

De l'intensité d'action des muscles. — « La détermination de la force avec laquelle les muscles se contractent n'est pas rigoureusement du ressort de la mécanique ; elle ne peut être appréciée que d'une manière approximative, attendu qu'elle dépend des conditions multiples qui ne se prêtent pas au calcul. . . . .
. . . .

Il est certain, toutefois, que la force déployée par la contraction musculaire est une force énergique. Dans les efforts violents, la contraction musculaire est assez puissante pour déterminer la rupture des tendons. Ces effets donnent de la puissance maximum des muscles une idée plus saisissante que n'en peuvent fournir les notions tirées de la grandeur des résistances que l'animal peut vaincre.. . . . .

De la durée de la contraction. — « Lorsqu'un *excitant* agit sur les muscles, la contraction n'arrive pas instantanément ; elle se manifeste seulement après le court espace de temps nécessaire à la transmission nerveuse. Il en résulte que quand une *aide* agit d'une manière instantanée, la contraction ne commence que quand l'excitant cesse d'agir.

« Lorsque la contraction du muscle débute, elle est d'abord vive, puis elle perd peu à peu de sa vitesse. Le raccourcissement atteint son maximum; après quoi le muscle reprend ses dimensions premières, et ce retour aux dimensions premières se fait en un espace de temps moindre que celui qui a été nécessaire au muscle pour atteindre son maximum de contraction. La durée de la contraction varie avec la quantité du raccourcissement, et surtout avec la résistance ou le poids que le muscle doit soutenir.

De la tonicité musculaire. — « Les muscles de l'animal, alors même qu'ils sont dans le relâchement ou plutôt dans l'état de *non-contraction*, sont dans une sorte de tension permanente. Cette tension n'est pas aussi apparente dans les muscles des membres ou dans les muscles du tronc qui ont leurs deux extrémités attachées aux os que dans les muscles orbiculaires qui entourent les orifices des ouvertures naturelles, et qui sont isolés au milieu des parties molles. . . . .

L'intermittence est le caractère général de la contraction musculaire, comme la plupart des actes qui sont sous la dépendance du système nerveux.

La force tonique dans les muscles, ou plutôt dans leur état de tension, est donc dans une liaison intime avec le système nerveux; elle n'est pour ainsi dire qu'un de ses modes d'expression.

La tonicité musculaire joue, dans les divers mouvements des leviers osseux du squelette, un rôle des plus importants. C'est à elle surtout que sont dues la *régularité* et la *mesure* dans le mouvement des parties mises en jeu par les muscles. Par exemple, chez l'homme, lorsque les muscles, biceps et brachial, antérieurs se contractent pour fléchir l'avant-bras sur le bras, le muscle triceps, placé à la partie postérieure du bras, quoique ne se contractant point (car ce muscle est extenseur), modère en quelque sorte le mouvement de flexion, le proportionne au but désiré, et lui donne la *précision* nécessaire aux divers actes que le membre supérieur doit remplir. Il en est de même, réciproquement, quand, au lieu des muscles fléchisseurs, ce sont les extenseurs qui agissent activement; ils trouvent dans la tonicité des fléchisseurs une résistance graduée et en quelque sorte régulatrice.

Du travail utile des muscles. — « Lorsqu'un muscle ou un groupe de muscles associés se contractent pour mettre en mouvement les leviers sur lesquels ils s'insèrent, jamais le *résultat produit* n'est égal à la *somme dépensée* par le muscle ou par les muscles en action. La différence qui existe entre le résultat produit et la force réelle dépensée est due (comme dans toute machine en mouvement) aux pertes déterminées par les *résistances passives*.

« **Le déchet musculaire**, ou, ce qui est la même chose, les *résistances passives*, qui absorbent une partie de la puissance développée par les muscles, sont de diverses sortes. La plus générale, celle qui s'étend à tout le système, consiste dans les frottements des surfaces articulaires et dans ceux des tendons sur les coulisses de glissement. Ces frottements sont, d'ailleurs, comme dans nos machines, atténués autant que possible par l'humeur synoviale qui lubrifie les surfaces en contact. . . . .
. . . .
Dans les divers mouvements de la machine animale, il y a donc une certaine quantité de force consommée, et la contraction musculaire, lorsqu'elle entre en jeu, n'est pas seulement proportionnée au *travail utile*, elle l'est encore au *travail résistant*, expression par laquelle on désigne, en mécanique, la somme de toutes les résistances passives. . . . .

De l'action musculaire. — Il y a dans le mouvement, fait remarquer *M. Béclard*, quelque chose de plus important que la force elle-même : ce quelque chose, c'est le *mode* du mouvement, sa *vitesse*, qualités subordonnées au genre des leviers osseux, et par conséquent, à l'agencement des segments dont se composent les membres. »

Du reste, lorsque l'on veut se rendre compte d'une manière trop minutieuse de l'action de chaque muscle, dans les divers modes de la locomotion, surtout au point de vue de l'action motrice des *aides;* lorsqu'on a la prétention de faire vibrer chaque muscle à volonté et de donner cette étude comme une chose utile à l'art de l'équitation, ainsi que l'ont fait un certain nombre d'écrivains, on tombe forcément dans l'exagération et dans l'erreur ; tout cela n'est qu'affaire d'imagination, puisque l'on ne peut ordinairement agir que sur des groupes entiers de muscles dans les excitations gymnastiques.

Telle est, d'ailleurs, d'après *M. Dally*, la manière de voir de célèbres physiologistes qui ont fait les expériences les plus soigneuses, dans le but de déterminer plusieurs points obscurs relatifs à l'action des muscles.

Il se trouve beaucoup d'autres phénomènes dus à l'action musculaire, qu'il ne serait pas inutile d'envisager ; mais les documents que nous venons de produire suffisent à déterminer plusieurs points obscurs relatifs à l'action des muscles.

Si l'on ne peut point dire absolument qu'un muscle ait une action indépendante, tel que le fera ressortir notre étude du rôle du système nerveux, on ne peut pas nier, cependant, que chacun d'eux possède, en quelque sorte, une action élémentaire dont les mouvements soient la résultante physiologique.

CHAPITRE V

FONCTIONS DU SYSTÈME NERVEUX[1].

INNERVATION.

Propriétés générales du système nerveux.

Rôle du système nerveux. — Le système nerveux, composé de masses centrales et de prolongements périphériques ré-

---

[1] Tous les extraits qui suivent sont tirés de la *Physiologie comparée* de M. J. Béclard. (Voir pages 755 et suivantes.) — 1859.

pandus dans les diverses parties de l'organisme, est le siége de la sensibilité générale, celui des perceptions sensoriales et des facultés instinctives et psychologiques ; il est l'agent incitateur des mouvements volontaires et involontaires de l'organisme.

Composition et structure. — Le système nerveux se compose d'un axe central renfermé dans le canal rachidien et dans la cavité du crâne (*axe cérébro-rachidien*), et de prolongements périphériques (*nerfs*), qui établissent la communication entre les organes sensibles ou contractiles et le centre perceptif et excitateur. Les nerfs sont donc surtout des conducteurs.

La division dont nous parlons n'est pas aussi tranchée qu'on pourrait le penser. En effet, les conducteurs nerveux qui partent de l'axe cérébro-rachidien (*cerveau*), ou qui y arrivent, ne se perdent pas dans la masse nerveuse, mais continuent leur trajet dans l'épaisseur même de l'axe central du canal rachidien, de manière à donner à certaines parties des centres nerveux le rôle de conducteurs. D'une autre part, les nerfs eux-mêmes présentent, sur leur trajet périphérique, des masses isolées ou *ganglions ;* organes peu volumineux, il est vrai, mais qui offrent dans leur structure et leurs fonctions une certaine analogie avec les centres nerveux eux-mêmes.

Tubes nerveux. — Les nerfs sont composés par des éléments microscopiques bien définis, auxquels on donne le nom de *tubes nerveux primitifs*. Les tubes nerveux sont formés de trois parties : 1º une enveloppe sans structure apparente ; 2º une substance intérieure demi-liquide ou *moelle nerveuse ;* 3º une fibre molle centrale placée au centre de la moelle nerveuse. Les tubes nerveux, accolés entre eux, suivant la direction longitudinale du nerf, et réunis par un tissu cellulaire assez résistant (*névrilemme*), constituent le nerf lui-même.

L'axe central des tubes nerveux primitifs est constitué par une substance albuminoïde, qui offre à peu près les mêmes réactions que la fibrine ; la moelle nerveuse, placée entre cet axe et la gaîne du tube nerveux primitif, est formée par une substance grasse.

Les centres nerveux contiennent aussi des tubes nerveux primitifs. Ce sont eux qui composent les parties *blanches* des centres nerveux.

Les parties *grises* des centres nerveux contiennent, outre les tubes nerveux (qui circulent aussi dans leur épaisseur), des éléments vésiculeux : ce sont les *corpuscules* nerveux ou cellules nerveuses. Ces éléments se rencontrent également dans les ganglions.

Du cours des tubes nerveux. — Les tubes nerveux qui entrent dans la composition des nerfs sont accolés les uns aux autres, ainsi que nous l'avons vu, mais sans se communiquer. Lorsqu'une branche se détache d'un nerf pour se porter à un autre, c'est-à-dire lorsque deux nerfs s'anastomosent, les tubes ne s'abouchent point entre eux, comme les vaisseaux sanguins; ils passent simplement d'une branche à l'autre, en continuant, dans la nouvelle branche à laquelle ils s'accolent, leur trajet indépendant.

On peut systématiser d'une manière générale l'ensemble du système nerveux, et considérer ce système comme formé par une multitude innombrable de tubes microscopiques accolés dans les centres nerveux, et qui vont s'isolant à la circonférence pour se terminer dans les divers tissus. D'après cette manière de voir, les tubes nerveux des nerfs se continuent dans la moelle épinière, dont ils forment la substance blanche, parviennent au cerveau, s'y épanouissent, entrent en relation avec les cellules nerveuses de la substance grise, puis redescendent par la moelle pour se reporter dans les nerfs.

Transmission des impressions sensitives. — Transmission de l'excitation motrice. — L'examen le plus superficiel des fonctions nerveuses démontre qu'il y a dans ce système deux sortes d'actions, ou, pour expliquer la chose plus clairement, deux sortes de courants, l'un qui marche de la périphérie vers le centre, c'est-à-dire des organes vers les centres nerveux; l'autre, qui marche du centre à la périphérie, c'est-à-dire des centres nerveux vers les organes.

Ce qui prouve que les nerfs sont bien les conducteurs de l'impression sentie à la peau; ce qui prouve qu'elle n'a pas cheminé par d'autres tissus, c'est qu'il suffit que les nerfs soient divisés en un point quelconque de leur trajet pour que cette transmission se trouve suspendue. La transmission n'ayant plus lieu, l'impression n'est plus transportée aux centres nerveux; elle n'est plus sentie, la douleur est comme non avenue.

Ce qui prouve que l'excitation motrice se transmet par les nerfs aux parties contractiles, c'est que, si le nerf ou les nerfs moteurs de la partie sont divisés sur un point quelconque de leur trajet, la volonté est devenue impuissante à faire mouvoir le membre; celui-ci ressent encore la douleur, mais il ne peut plus s'y soustraire.

De la distinction des fibres nerveuses sensitives et des fibres nerveuses motrices dans les nerfs rachidiens. — Les impressions sensitives et l'excitation motrice cheminent dans un sens inverse et par deux ordres d'éléments différents. Cette distinction est fondamentale dans l'étude du système nerveux, et nous y reviendrons plus d'une fois. Il est nécessaire de nous y arrêter un instant et d'établir le fait reconnu incontestable aujourd'hui, d'après des données expérimentales positives.

Il est donc reconnu que les nerfs sont composés de deux sortes de filets nerveux : filets nerveux pour la sensibilité, filets nerveux pour le mouvement.

Au sortir du canal rachidien, les deux racines des nerfs se sont accolées et ne forment plus qu'un seul tronc commun, d'où procèdent les branches nerveuses. Dans ces branches les deux éléments *sensitifs* et *moteurs* sont intimement confondus et forment ainsi des nerfs *mixtes*.

Au moment de leur distribution terminale dans les organes, les éléments nerveux d'ordre différent tendent à s'isoler. Les nerfs, pénétrant dans les parties sensibles et dans les parties contractiles, abandonnent les filets sensibles aux organes doués de sensibilité, et les filets moteurs aux organes contractiles (muscles). Il ne faudrait pas croire, cependant, que la distribution des filets sensitifs ou moteurs soit exclusive. Les organes contractiles ou les muscles contiennent aussi des tubes nerveux de sensibilité, mais en faible proportion. De même la peau, qui reçoit presque exclusivement des filets de sensibilité, contient aussi, parmi ses faisceaux fibreux, des *fibres musculaires lisses*, qui lui donnent un certain degré de contractilité et de rétractilité. La proportion des éléments sensitifs ou moteurs est donc subordonnée au rôle des tissus dans lesquels ces éléments vont se terminer.

Moelle épinière. — La moelle épinière est *continue* avec l'encéphale. Elle conduit à l'encéphale les impressions qui lui arrivent par les racines postérieures des nerfs; elle conduit de l'encéphale aux organes, par les racines antérieures, les incitations du mouvement; elle est donc un organe de transmission. En outre, la moelle contient, dans toute sa longueur, une masse intérieure de substance grise; elle a donc aussi une action propre; elle est un centre d'innervation.

Cervelet. — Le cervelet, placé à la partie postérieure et inférieure du cerveau, et en communication avec la moelle et avec le cerveau, par l'intermédiaire de la *moelle allongée*, constitue certainement une des parties les plus importantes de l'encéphale. Beaucoup de tentatives ont été faites pour déterminer sa part d'action dans les fonctions nerveuses; le rôle principal de cet organe est encore aujourd'hui fort obscur. M. Flourens, comme nous le verrons plus loin, considère le cervelet comme l'organe *coordinateur des mouvements*. Cette dénomination, dit M. Béclard, expression pure et simple des faits observés, est loin de nous donner la clef de l'influence mystérieuse du cervelet.

Hémisphères cérébraux, ou cerveau proprement dit. — De l'action croisée dans le système nerveux. — Les fonctions des hémisphères cérébraux consistent à recevoir les impressions : ils sont le centre ou l'aboutissant de la *sensibilité*, et le point de départ de l'*incitation* motrice volontaire. Pour parler un langage plus général, les lobes cérébraux peuvent être considérés comme le siége de la sensibilité et du mouvement. Les lobes cérébraux sont aussi des centres de perception pour les organes des sens, la substance nerveuse a cessé d'être conductrice, elle est devenue organe de perception et de volition.

On a cherché à localiser, dans des points déterminés des hémisphères cérébraux, les centres de perception de chacune des sensations; mais tous les efforts qui ont été faits dans cette direction ont échoué.

L'action exercée, sur les mouvements volontaires, par les hémisphères, est généralement *croisée*, c'est-à-dire, en d'autres termes, que l'incitation qui descend de l'hémisphère droit, le long de la moelle allongée et de la moelle, pour se rendre aux nerfs, excite le mouvement dans les muscles de la partie gauche du corps, et, réciproquement, l'hémisphère gauche éveille la contraction des muscles placés à droite du plan médian du corps. Cet effet croisé dépend de l'entre-croisement des fibres nerveuses du mouvement dans la commissure blanche de la moelle, dans le bulbe rachidien, et aussi dans toute l'étendue de la protubérance annulaire.

On peut dire, d'une manière générale, que l'intelligence est d'autant plus développée que les hémisphères sont plus volumineux. Il ne faudrait pas, cependant, juger d'une manière trop rigoureuse, du degré d'intelligence d'un animal d'après le volume de son cerveau.

Chez les animaux, le volume relatif du cerveau, quand on le compare au poids du corps, n'est pas non plus l'indice du degré d'intelligence de l'animal.

La forme du cerveau, le nombre et surtout la profondeur des circonvolutions sont des éléments au moins aussi importants que le poids.

Malgré toutes ces difficultés, il n'en est pas moins certain qu'en comparant un individu à un autre individu de la même espèce, le développement plus ou moins considérable de la masse encéphalique marche généralement de pair avec le développement intellectuel.

De tous ces faits, et de beaucoup d'autres que nous ne pouvons transcrire ici, il résulte manifestement que le système nerveux doit avoir dans l'organisme une prépondérance capitale sur tous les autres systèmes, ce qui n'échappera à personne et ce qui laisse pressentir qu'il y a quelque chose au delà des connaissances acquises dans la science actuelle de l'équitation. Nous allons nous en convaincre en envisageant, dans le chapitre suivant, l'unité du système nerveux établie par M. Flourens dans ses *Recherches expérimentales*. Paris, 1841, p. 208.

CHAPITRE VI

UNITÉ DU SYSTÈME NERVEUX [1].

ARTICLE Ier.

Considérations générales.

I. Chaque partie essentiellement distincte du système nerveux a, comme nous l'avons vu, une fonction propre et déterminée.

Les lobes cérébraux sont le siége du principe qui *juge*, qui *se souvient*, qui *voit*, qui *entend*, etc.; en un mot, qui *perçoit* et *veut*. Le cervelet *détermine* et *coordonne* les mouvements de locomotion; la moelle allongée, ceux de conservation; la moelle épinière *lie* en mouvements d'ensemble les contractions musculaires immédiatement excitées par les nerfs.

II. — Mais, indépendamment de cette action propre et exclusive à chaque partie, il y a, pour chaque partie, une action commune, c'est-à-dire de chacune sur toutes, de toutes sur chacune. . . . . .
. . . .

III. — Cela posé, toute la question de l'*Unité du système nerveux* se réduit visiblement à l'évaluation expérimentale du rapport selon lequel chaque partie distincte de ce système concourt à l'énergie commune.

IV. — . . . .

D'où il résulte que les lobes cérébraux se bornent à vouloir le mouvement, le cervelet à le *coordonner*, tandis que la moelle allongée, la moelle épinière, les nerfs, le produisent.. . . . .

XI. — De tout ce que je viens de dire, il suit :

1° Que, malgré la diversité d'action de chacune des parties con-

---

[1] M. Flourens : *Recherches expérimentales sur les propriétés et les fonctions du système nerveux.* — Paris, 1842, page 208.

stitutives du système nerveux, ce système n'en forme pas moins un système unique;

2° Qu'indépendamment de l'*action propre* de chaque partie, chaque partie a une *action commune* sur toutes les autres, comme toutes les autres sur elle;

3° Que le mot *paralysie*, appliqué à la destruction des parties qui *veulent* ou *coordonnent* le mouvement, signifie simplement *faiblesse*, et qu'appliqué à la destruction des parties qui l'*excitent* ou le *produisent*, il signifie *abolition totale;*

4° Que l'influence de chaque partie du système nerveux sur la vie générale tient particulièrement à l'ordre des mouvements (de conservation ou de locomotion) qui dérive d'elle;

5° Enfin qu'il y a, dans le système nerveux, un point placé entre la moelle épinière et l'encéphale, à peu près comme le *collet* des végétaux l'est entre la tige et la racine; point auquel doivent arriver les impressions pour être perçues, duquel doivent partir les ordres de la volonté pour être exécutés; point qui, conséquemment, constitue le foyer central, le lien commun, et, comme M. de Lamarch l'a si heureusement dit du *collet* dans les végétaux, le *nœud* vital de ce système.

ARTICLE II.

Lois de l'action nerveuse.

Trois grandes lois régissent l'action nerveuse :
La première est la *spécialité d'action;*
La deuxième est la *subordination des fonctions nerveuses;*
La troisième est l'*unité du système nerveux.*

ARTICLE III.

Spécialité de l'action nerveuse.

1° On a vu, par tous les faits réunis dans ce livre, que chaque partie essentiellement distincte du système nerveux a une fonction ou *manière d'agir* également distincte.

Le cerveau, proprement dit, n'agit pas comme le cervelet, ni le cervelet comme la moelle allongée, ni la moelle allongée comme la moelle épinière ou les nerfs.

2º Chaque partie du système nerveux a donc une action *propre* ou *spéciale*, c'est-à-dire *différente de l'action des autres*, et l'on a vu, de plus, en quoi cette *différence* ou cette *spécialité* d'action consiste.

Dans les lobes cérébraux réside la faculté par laquelle l'animal pense, veut, se souvient, juge, perçoit ses sensations et commande à ses mouvements.

Du cervelet dérive la faculté qui coordonne ou équilibre les mouvements de locomotion; des tubercules bijumeaux ou quadrijumeaux, le principe primordial de l'action du nerf optique ou de la rétine; de la moelle allongée, le principe premier moteur ou excitateur des mouvements respiratoires; et la moelle épinière enfin, la faculté de lier ou d'associer en mouvements d'ensemble les contractions partielles immédiatement excitées par les nerfs dans les muscles.

3º Le grand fait de la spécialité de l'action des diverses parties du système nerveux, fait à la démonstration duquel aspiraient, depuis longtemps les nobles efforts des physiologistes, est donc désormais un fait accompli par l'observation directe et le résultat démontré de l'expérience.

ARTICLE IV.

Spécialités des propriétés nerveuses.

1º Il y a trois propriétés nerveuses essentiellement distinctes : celle d'exciter la contraction musculaire; celle de ressentir et de transmettre les impressions; celle de percevoir et de vouloir.

J'appelle la première de ces propriétés, *excitabilité;* la deuxième est la *sensibilité;* la troisième est l'*intelligence*.

2º Et chacune de ces propriétés a un siége déterminé, c'est-à-dire un organe propre.

L'*excitabilité* réside dans le faisceau antérieur de la moelle épinière et dans les nerfs venus des racines de ce faisceau; la *sensibilité* réside dans le faisceau postérieur de la moelle épinière et dans les nerfs venus des racines de ce faisceau; l'*intelligence* réside exclusivement dans le *cerveau proprement dit* (*lobes* ou *hémisphères cérébraux*).

ARTICLE V.

Rôle spécial de chaque partie du système nerveux dans les mouvements.

I. — Nul mouvement ne dérive directement de la volonté. La volonté n'est pas la cause provocatrice de certains mouvements; elle n'est jamais la cause effective d'aucun.

Qu'un animal veuille mouvoir son bras ou sa jambe, aussitôt il le meut, mais ce n'est pas sa volonté qui anime les muscles de la partie mue, qui les excite, qui les coordonne.

Ni la production de la contraction musculaire, ni la coordination du jeu des divers muscles, contraction et coordination indispensables néanmoins pour que le mouvement s'exécute; rien de cela n'est sous la puissance de la volonté et, conséquemment, des lobes ou hémisphères cérébraux dans lesquels cette volonté réside.

II. — La cause directe des contractions musculaires réside particulièrement dans la moelle épinière et ses nerfs, la cause coordinatrice du jeu des diverses parties réside exclusivement dans le cervelet.

III. — Voilà donc trois phénomènes essentiellement distincts dans un mouvement voulu :

1º La volition de ce mouvement, volition qui réside dans les lobes cérébraux;

2º La coordination des diverses parties concourant à ce mouvement, coordination qui réside dans le cervelet;

3º Enfin, l'excitation des contractions musculaires, laquelle a son siége dans la moelle épinière et ses nerfs.

IV. — Puisque ces trois grands phénomènes, essentiellement distincts, résident dans trois organes essentiellement distincts aussi, on voit tout aussitôt la possibilité de n'abolir que l'un de ces phénomènes, la volonté, par exemple, en laissant subsister les deux autres, la coordination et la contraction; ou d'abolir, à la fois, la coordination et la volonté, en ne respectant que la contraction.

V. — Et c'est là ce que nos expériences ont mis dans une évidence complète. . . . .
. . . .

VI. — Ce que je viens de dire du cervelet, par rapport aux mouvements coordonnés de la locomotion, on peut le dire de la moelle allongée, par rapport aux mouvements coordonnés de conservation.

VII. — Quant à la moelle épinière, elle se borne à lier les contractions musculaires, premiers éléments de tout mouvement, en mouvements d'ensemble; et, bien que d'elle partent presque tous les nerfs qui déterminent et ces contractions et ces mouvements, ce n'est pourtant point en elle que réside l'admirable faculté de coordonner et ces contractions et ces mouvements en mouvements déterminés : saut, marche, course, station, etc. Cette faculté réside dans le cervelet pour les premiers, dans la moelle allongée pour les seconds.

VIII. — Il reste une dernière considération à rappeler. Communément les mouvements de la respiration, du cri, du bâillement, etc., sont appelés *involontaires*, par opposition aux mouvements de la locomotion qu'on appelle alors *volontaires*.

On vient de voir ce qu'il faut penser de ce mot volontaire appliqué à certains mouvements. La volonté n'est jamais que la cause provocatrice éloignée, occasionnelle, de ces mouvements; mais, enfin, elle peut les provoquer, en régler l'énergie, en déterminer le but; et, ce qu'il y a d'essentiellement remarquable, elle peut cela de tout point. Ainsi un animal peut, à son gré, se mouvoir ou non, lentement ou vite, dans telle ou telle direction qu'il lui plaît. Il est donc maître absolu, non pas du mécanisme de sa marche, mais de sa marche, et, en un mot, de tous les mouvements de la locomotion ou translation.

La respiration, le cri, le bâillement, certaines déjections, etc., au contraire, ne dépendent que jusqu'à un certain point, et que dans certains cas, de la volonté. En général, tous ces mouvements ont lieu sans qu'elle s'en aperçoive, sans qu'elle s'en mêle, sans qu'elle y participe, souvent même, quelque opposée qu'elle y soit.

Enfin, les mouvements du cœur et des intestins sont totalement et absolument étrangers à la volonté.

Sous le rapport de la volonté, comme sous le rapport du mécanisme, comme sous le rapport des organes du mouvement, il y a donc trois ordres de mouvements essentiellement distincts. Les uns sont totalement soumis à la volonté; les autres n'y sont soumis qu'en partie; les autres n'y sont point soumis du tout.

ARTICLE VI.

Subordination des fonctions nerveuses.

1° Les fonctions nerveuses se subordonnent les unes aux autres.

2° Il y a, dans le système nerveux, des parties qui agissent spontanément ou d'elles-mêmes, et il y en a qui n'agissent que *subordonnément* ou que sur l'impulsion des autres.

3° Les parties *subordonnées* sont la moelle épinière et les nerfs; les parties *régulatrices* ou *primordiales* sont : la moelle allongée, siége du principe qui détermine les mouvements de respiration; le cervelet, siége du principe qui coordonne les mouvements de locomotion; et les lobes cérébraux, siége, et siége exclusif de l'intelligence.

ARTICLE VII.

Unité du système nerveux.

1° Non-seulement toutes les parties du système nerveux se subordonnent les unes aux autres; elles se subordonnent toutes à une.

2° Les nerfs et la moelle épinière sont subordonnés à l'encéphale; les nerfs, la moelle épinière et l'encéphale sont subordonnés à la moelle allongée, ou, plus exactement, au point vital et central du système nerveux placé dans la moelle allongée.

3° C'est à ce point, placé dans la moelle allongée, qu'il faut que toutes les autres parties du système nerveux tiennent pour que leurs fonctions s'*exercent*. Le principe de l'*exercice* de l'action nerveuse remonte donc des nerfs à la moelle épinière et de la moelle épinière à ce *point;* et, passé ce *point*, il rétrograde des parties antérieures de l'encéphale aux postérieures, et des postérieures à ce point encore.

ARTICLE VIII.

Unité du cerveau proprement dit, ou de l'organe, siége de l'intelligence.

1º L'unité du cerveau proprement dit, ou de l'organe, siége de l'intelligence, est un des résultats les plus importants de cet ouvrage ;

2º L'organe de l'intelligence est un ;

3º En effet, non-seulement toutes les perceptions, toutes les volitions, toutes les facultés intellectuelles résident exclusivement dans cet organe ; mais toutes ces facultés y occupent la même place. Dès qu'une d'elles disparaît par la lésion d'un point donné du cerveau proprement dit, toutes disparaissent ; dès qu'une revient par la guérison de ce point, toutes reviennent. La faculté de percevoir et de vouloir ne consiste donc qu'en une faculté essentiellement une ; et cette faculté une réside essentiellement dans un seul organe.

Il y a encore, dans l'ouvrage de *M. Flourens*, un autre chapitre très-remarquable qu'il nous importe de signaler ; il est à la page 196 : nous en détachons ce qui suit :

ARTICLE IX.

Des forces modératrices du mouvement.

. . . .

I. — Il y a donc, soit dans les canaux semi-circulaires, soit dans les fibres de l'encéphale, autant de *forces modératrices* opposées qu'il y a de directions principales ou cardinales des mouvements.

1º Le système nerveux n'est donc pas seulement le *principe excitateur* de mouvements, il en est le principe *régulateur*, il en est le principe *modérateur*. Et remarquez que chacun de ces effets, l'effet *excitateur*, l'effet *régulateur*, l'effet *modérateur*, est produit par une partie distincte ;

2° L'effet *excitateur* est produit par toutes les parties du système nerveux qui, étant piquées ou irritées, provoquent immédiatement des contractions musculaires : par la moelle épinière, par la moelle allongée, par les nerfs.

L'effet *régulateur* émane du cervelet.

L'effet *modérateur* réside enfin, tout à la fois, et dans les *canaux semi-circulaires*, et dans les *fibres opposées* de l'encéphale.

II. — 1° Il y a donc, dans le système nerveux, des parties qui *excitent* le mouvement; il y en a d'autres qui le *modèrent;* il y en a une qui le *régularise* et le *coordonne*.

2° A considérer le système nerveux dans l'ensemble de ses forces et de ses actions, on voit d'abord que la moitié du système est affectée à la *mobilité* et l'autre moitié à la *sensibilité*.

3° Des belles recherches de *M. Bell*, il suit que chaque nerf est composé de deux nerfs : l'un pour le sentiment, l'autre pour le mouvement; que la moelle épinière est composée de deux moelles : l'une pour la sensibilité, l'autre pour la mobilité; le système nerveux se compose donc de deux moitiés et de deux moitiés à peu près égales : l'une pour la sensibilité, l'autre pour la mobilité.

Au-dessus de ces deux moitiés du système nerveux sont le *grand* et le *petit cerveau*, le *cerveau antérieur* et le *cerveau postérieur*, le *cerveau proprement dit* et le *cervelet* : le cerveau proprement dit, siége de l'intelligence, et le cervelet, siége du principe qui règle et coordonne les mouvements.

Enfin, dans les canaux *semi-circulaires* et dans les *fibres opposées* de l'encéphale, résident les *forces modératrices* des mouvements.

Tels sont les points de doctrine expérimentale qu'il était nécessaire de rapporter ici, avant de poursuivre nos considérations sur l'ensemble des forces motrices et des appareils de l'organisation animale.

TROISIÈME PARTIE.

DES PHÉNOMÈNES PHYSIQUES.

CHAPITRE Ier

DE LA THÉORIE DES FORCES.

ARTICLE Ier.

Du phénomène en général.

Les sciences physiques et naturelles donnent le nom de phénomène à l'acte, au changement, au fait, sans tenir compte de l'idée de substance.

On ignore, disent-elles, de quelle nature sont ces phénomènes, comment les forces sont maintenues en activité, et enfin comment elles agissent pour produire les phénomènes.

La *force* est considérée par la science comme le *fait en puissance*, le *mouvement* comme le *fait en réalité*.

L'étude de ces deux merveilleux principes de toute unité conduit à admettre que les parties des éléments primitifs et de la matière tendent sans cesse à se réunir, à se combiner, sous l'effet de deux systèmes de forces contraires, pour produire l'unité. Les unes *répulsives*, qui séparent, sont dues à ce que l'on nomme la *chaleur :* le mouvement qui leur correspond est *destruction*. Les autres *attractives*, qui unissent, constituent la *cohésion ;* et le mouvement corrélatif est *formation*. Ces dernières forces sont mutuelles, c'est-à-dire que si un atome, une molécule ou un fluide quelconque exerce, sur une autre partie de même essence, l'action d'une ces forces; cette autre partie exerce, à son tour, sur la première une action précisément égale et contraire; d'où l'axiome qui suit:

L'*action est égale* et *contraire à la réaction*. Or, d'après la science, « comme tout dans l'univers est dans un état perpétuel de composition et de décomposition qui produit la vie universelle, il faut, pour que ce mouvement se perpétue, qu'il s'opère entre des forces contraires et sans cesse inégales. »

La théorie des forces est susceptible d'applications et de considérations multiples. Nous nous bornerons à envisager celles qui regardent la mécanique animale, au point de vue de l'action physique du cheval, sollicitée par les *aides* ou *forces tactiles* du cavalier.

Il est reconnu que les forces, quelles qu'elles soient, tombent sous l'action de la mécanique et des mathématiques. Nous écarterons cependant, autant que possible, les données de ces deux sciences pour ne pas compliquer notre examen qui comprendra l'étude de la dynamique, en tout ce qui peut être utile à nos considérations.

ARTICLE II.

De la dynamique.

La *dynamique* est la science qui traite du mouvement des forces et des puissances qui les régissent.

Sans recourir au principe de *D'Alembert*[1], notre étude a pour objet de considérer les lois de l'équilibre, de chercher les relations des forces qui existent dans les divers éléments variables qui composent le mouvement, afin de pouvoir apprécier les puissances diverses qui le constituent.

« La science de l'harmonie du monde et de ses lois, dit *M. Dally*, devint un des principaux éléments des sciences modernes. Or cette science est applicable à la mécanique du corps animal comme à

---

[1] D'ALEMBERT a fait un traité de dynamique appliquée, soit à la découverte des mouvements des fluides aériformes, soit à une foule d'autres problèmes. C'est un corps de doctrine fondé pour calculer, par leur expression algébrique, l'effet des puissances sur les masses, ou de toutes autres questions aussi compliquées.

celle des corps célestes. Il suffit de noter que ces innombrables découvertes ont leurs identités ou leurs analogies dans les connaissances physiologiques et qu'elles ont spécialement concouru au développement de la cinésiologie. »

Des forces. — On appelle force toute cause qui tend à produire ou à modifier le mouvement.

Mais, de même qu'une cause peut rester sans effet, parce qu'une opposée la neutralise; de même il peut y avoir des forces qui, par le fait, ne produisent ou ne modifient aucun mouvement. En effet, le poids du corps de l'animal est une force, l'effort qu'il exerce pour supporter la surcharge du cavalier est une force, etc.; nous dirons donc qu'on appelle force, en équitation, tout acte qui produit ou modifie la position ou le mouvement d'une ou plusieurs parties de l'organisme animal.

De la pesanteur, du poids. — Il ne faut pas confondre également les mots pesanteur et poids. La *pesanteur* est la cause inconnue qui attire le corps vers le centre de la terre; tandis que le *poids* du corps est l'effort qu'il exerce, en vertu de la pesanteur sur l'obstacle qui le soutient. On peut donc conclure que le *poids du corps de l'animal est une force verticale et constante*.

Des forces extérieures. — On nomme *forces extérieures*, les forces autres que les *forces organiques :* ainsi, les éléments atmosphériques, les fluides, l'électricité, la lumière, le calorique, etc.; enfin, toute influence exercée sur les sens, ou toute pression pratiquée sur le corps de l'animal par un autre corps, est une force extérieure.

La corrélation des forces, c'est-à-dire l'expression des rapports de situation des forces physiologiques sous l'influence des éléments généraux des agents extérieurs, n'est pas seulement la connaissance des faits qui peuvent surgir dans les modifications du mouvement. Mais cette connaissance, éclairée par l'étude de ces éléments de force, a pour but, en ce qui nous concerne, de fixer, par des principes qu'enseigne la *cinésie équestre*, le moyen de guider les forces de l'organisme animal, que le système nerveux puise au dehors par l'intermédiaire des sens ; ou de celles qui surgissent des centres de ce système.

La science, en initiant le cavalier aux secrets de la nature, augmente infiniment sa puissance par la connaissance des phénomènes physiques de l'organisme et des lois de l'équilibre d'après lesquels ces phénomènes se produisent.

De la force, considérée comme sphère d'action. — « Une force quelconque, dit M. *Dally* [1], doit être considérée sous trois rapports : son *intenscité*, c'est-à-dire son rapport avec l'unité de force ; sa *vitesse*, ou la vitesse qu'elle imprime à l'unité de masse ; enfin la *masse*, ou le rapport à l'unité de masse du corps sur lequel elle s'exerce . . . .
. . . .

La force étant donc représentable sous la forme d'un *solide*, rien n'empêche de la considérer sous la forme d'une *sphère*. Dans ce cas, il suffira de prendre l'intensité pour rayon de la sphère ; les deux autres dimensions seront la masse et la vitesse. Et dans cette hypothèse, l'unité absolue de la force serait aussi une sphère, dont le rayon serait l'unité d'intensité, et dont la surface serait égale à la moitié du produit de l'unité de masse par le double de l'unité de vitesse. Mais cette représentation de la force donne l'avantage de mieux faire comprendre l'action d'une force. En effet, la force s'exerçant sur un corps quelconque, son action se fera sentir sur ce corps par les trois éléments dont elle se compose.

Or, il est aisé, il est naturel de concevoir une force sans les trois dimensions. En effet, si nous éprouvons un choc, quelle qu'en soit la puissance, nous n'en jugeons point par le corps qui le produit, mais par l'effet que nous en ressentons ; il n'en est donc pas de même du corps sur lequel la force s'exerce : c'est là que l'effet de l'action s'observe suivant deux des dimensions de la sphère, la troisième se propagera de la même manière dans l'intérieur du corps.

---

[1] *Cinésie*, page 627. IVe partie : *Cinésiologie*. Œuvres de M. DALLY. — Paris, 1857.

Nous arriverons ainsi à considérer une sphère d'action, représensant l'action génératrice de l'action, et en même temps le mode de propagation de l'action.

Or, tout corps, toute molécule, toute substance est une agglomération ou combinaison d'atomes réduits à leur dernière expression : ces atomes matériels sont l'éther, l'agent universel. Par l'examen des modifications que peuvent, que doivent éprouver ces atomes, nous pouvons donc nous rendre compte de quelques-uns des phénomènes initiaux dus aux forces.

Il est bon de remarquer que la force se décompose en parties se divisant elles-mêmes jusqu'au moment où elles arrivent à l'unité d'action préposée. Le fait a lieu ainsi qu'il suit :

Lorsqu'une force extérieure agit sur une partie quelconque du corps de l'animal, son effet est de déplacer seulement les molécules de cette partie auxquelles elle est immédiatement appliquée. Mais ce déplacement rompant l'équilibre naturel de la partie sollicitée, il se développe, de la part des molécules voisines, des forces qui tendent à ramener à sa position primitive les molécules déplacées, et par conséquent, de la part de celles-ci, des réactions égales et contraires. En vertu de ces réactions, les molécules voisines sont elles-mêmes déplacées, les suivantes le sont à leur tour, et ainsi de suite. C'est de cette manière que l'action de la force extérieure se propage dans l'intérieur du corps jusqu'à l'excitation des contractions musculaires, laquelle, ainsi que nous l'avons vu, a son siége dans la moelle épinière et ses nerfs, sous la dépendance de la volition du mouvement, volition qui réside dans les lobes du cerveau et de la coordination des diverses parties concourant au mouvement ; coordination qui s'opère dans la moelle allongée ou dans le cervelet. »

Les connaissances dynamiques peuvent donc agrandir la puissance du cavalier par la fixation de principes déterminant l'action des aides sur l'organe du tact. Elle lui apprend avec une attention toujours en éveil, et par une concentration de forces constamment soutenues, à pénétrer ces phénomènes ; et à diriger les forces musculaires en limitant leurs effets, et en maintenant les points d'union qui rattachent ces mêmes effets aux effets tactiles de ses aides.

ARTICLE III.

Du centre de gravité.

La physique nous enseigne que dans un corps quelconque de matières homogènes ou de matières différentes qui concourent à le former, les forces mutuelles, en vertu de la loi de la pesanteur, se font naturellement équilibre; du moins dans certaines parties relatives des molécules attirées, ou dans certaines parties de ce corps par cette force attractive qui agit incessamment.

Nous savons par conséquent que les attractions partielles ou d'ensemble, exercées par la pesanteur sur les molécules d'un corps ou parties de ce corps, tendent constamment à se combiner et à se réunir en un seul point de la masse de ce corps. C'est ce point qu'on appelle *centre de gravité*.

Le centre de gravité est conséquemment toujours placé dans la direction de l'action de la pesanteur, c'est-à-dire la *verticale*.

On nomme donc *centre de gravité* le point où se constitue incessamment la résultante des forces verticales, suivant la position du corps.

Cette résultante reçoit le nom de *ligne de gravitation*, par analogie à l'attraction qui s'exerce entre les astres.

Nous avons vu (page 66) que la force est représentée, dit *M. Dally*, par la sphère de son action; cette sphère comprend ses trois éléments constitutifs, et c'est l'intensité qui en est le rayon. Quand une force agit sur un point du corps, l'action se propage dans ce corps, suivant les trois dimensions : voilà la première conséquence à laquelle nous arrivons.

Mais qu'est-ce que c'est que cette sphère d'action, cette sphère engendrée ? De quoi la conçoit-on composée sous le rapport matériel ?

Il y a d'abord le point de contact, le centre d'ébranlement, ou plutôt le point où s'applique la résultante de la somme des forces moléculaires. C'est là un point qui a été distingué depuis longtemps; si la force est la pesanteur, c'est le *centre de gravité*. Ce point *central* est le centre de la sphère d'action : mais le point mathématique n'existe pas; le centre d'action est donc la *molécule* sphéroïdale qui correspond au point de passage de la force ou de sa résultante. Cette molécule vibre sous l'action de la force. En vertu de ses liaisons avec les molécules semblables qui constituent le corps, elle transmettra ses vibrations dans tous les sens, et selon la plus ou moins grande homogénéité du corps, c'est-à-dire selon la plus ou moins grande uniformité de distribution de l'éther dans le corps observé; la forme de la surface de transmission des ondes sera une sphère ou un sphéroïde. Quoi qu'il en soit, sans nous arrêter à cette différence entre les surfaces de transmission qui ne tient qu'à des résistances variables selon la nature du corps, nous devons dire que l'action de la molécule centrale se propagera dans tous les sens par ondes sphériques[1]. . . . . , ... »

Le centre de gravité du corps du cheval étant le point où vient se concentrer toute l'action de la pesanteur, il est compréhensible que toutes les fois que ce point (*centre d'équilibre*) est maintenu par les aides, par le fait de la réduction de la base de sustentation, l'action de la pesanteur soit en partie détruite, et que le poids du corps se trouve réparti, plus ou moins également, sur chaque partie du corps, suivant l'action des forces extérieures et la position que prennent les extrémités.

Si, au contraire, le centre de gravité est fixé sur deux extrémités du corps (par exemple dans le cabrer), on pourra concevoir que

---

[1] La preuve de ce phénomène nous est donnée tous les jours par une expérience des plus simples : qu'on laisse tomber un corps pesant dans une eau tranquille, et aussitôt, autour du centre ou point d'entrée du corps pesant, nous voyons se propager des ondes circulaires successives, changeant de forme à mesure qu'elles s'éloignent du centre d'ébranlement. Et si, à l'aide d'un corps surnageant sur l'eau, nous voulons reconnaître ce que sont ces ondes, nous observons, après la cessation des ondes, que ce corps n'a pas changé de position par rapport au centre d'ébranlement. Le phénomène de ces ondes est donc le produit de l'action intérieure, résultat du premier choc éprouvé.

Mais si le centre n'est plus un point, s'il est une molécule sphérique qui vibre sous l'action de la force, cette molécule éprouvera une pression, suivie d'une expression ou dilatation, qu'elle transmettra à toutes les molécules voisines, puis d'une nouvelle pression, et ainsi de suite.

Ce mode de déplacement moléculaire sous la succession des dilatations et des contractions, c'est-à-dire des mouvements excentriques et concentriques, nous rend compte de l'influence que doivent avoir les forces transmises sur l'organisme.

l'action de la pesanteur des différentes parties du corps se constitue en une force unique égale, en quelque sorte, au poids de ce corps et réunie à son centre de gravité alors fixé à la base de sustentation.

Si le corps de l'animal a trois ou quatre points d'appui, il n'est pas nécessaire, pour qu'il soit en équilibre, que son centre de gravité coïncide avec l'un de ces points, car l'action de la pesanteur se décompose alors en trois ou quatre forces appliquées aux points d'appui et détruites par la résistance de ces points. La position du centre de gravité sera forcément au-dessus de la *base de sustentation*, mais dépendante de la configuration des mouvements involontaires du corps, c'est-à-dire que la *ligne de gravitation* sera la verticale abaissée du centre de gravité sur le sol, passant entre les points d'appui. Ce point est toujours difficile à établir d'une manière précise chez le cheval, même en station; non-seulement à cause de la forme du corps, de la composition des solides, des liquides et des gaz qui le constituent, mais encore par les oscillations continuelles qu'impriment les organes de la respiration et de la masse intestinale.

De ce qui précède nous pouvons tirer les conséquences suivantes :

1° Lorsque les forces tactiles des aides du cavalier tendent à déranger les parties motrices du corps de l'animal de l'état d'équilibre des forces qui constitue sa situation, celles-ci tendent à la conserver et à y revenir. Mais cette tendance des parties musculaires à revenir à leur situation d'équilibre cesse lorsque le déplacement a atteint une certaine limite, au delà de laquelle il s'établit un nouvel état d'équilibre, ou bien il y a rupture et chute;

2° La situation du corps du cheval sera d'autant plus instable ou dynamique que l'espace circonscrit entre les extrémités sera plus étroit et que le centre de gravité (point où s'applique la résultante de la somme des forces moléculaires) se trouvera, par conséquent, placé plus haut et plus éloigné de la base de sustentation. Naturellement les conditions opposées rendront la situation des extrémités plus stable. En effet, plus la base sera large et le centre de gravité bas, moins le cheval aura de facilité à se mouvoir et plus il faudra au cavalier de puissance pour obtenir la résultante de l'équilibration des forces motrices.

Conséquemment, plus *le centre de gravité s'abaisse*, moins il y a de concentration de forces et de facilité de translation : la somme des forces sollicitées est moindre que la somme des forces instinctives. Ces forces se nuisent, se paralysent, ou, en d'autres termes, les forces musculaires sous la direction des aides diminuent.

Par conséquent, plus le *centre de gravité s'élève*, plus il y a d'instabilité dans la situation du corps et de légèreté dans l'organisation mécanique animale : la somme des forces transmises agit en opposition à la somme des forces motrices qui réagissent à leur tour. Ces forces contraires et sans cesse inégales ont alors une tendance à l'équilibre, lequel s'introduit dans les forces musculaires qui augmentent.

Or, suivant que les forces se trouvent plus ou moins réparties sur la masse, ou plus ou moins concentrées par les effets des aides, d'après le plus ou moins de réduction de la base de sustentation, il en résultera un degré plus ou moins prononcé de pondération mécanique, d'équilibre et de légèreté dans l'organisme locomoteur animal.

Les propriétés des forces musculaires et de légèreté de translation, que la combinaison des forces transmises développe, dépendent donc de l'application de ces principes dont l'effet est de déterminer la concentration des forces par le fait de l'élévation de la sphère d'action locomotrice : d'où dérive la réunion des centres de gravité de l'homme et du cheval et d'où naît la cause immédiate d'une entente propre à chaque mouvement. De cette union des centres de gravité surgit alors l'attraction qui se constitue en raison de leur communauté d'action. De cette attraction ressortira toujours cette tendance à l'équilibre (en conformité de l'état de même tendance à l'équilibre des sensations transmises et des sensations instinctives), par suite de la concentration de ces forces et par le fait de la réduction de la base de sustentation. Enfin, de là le lien qui maintient cette tendance à l'unité d'action, d'où résultent les propriétés nouvelles d'harmonie et de légèreté dans les différentes combinaisons des modes de la locomotion.

ARTICLE IV.
Du mouvement circulaire.

Si nous considérons maintenant le cheval, sous la puissance des aides, manœuvrant sur une circonférence de cercle, nous remarquons :

1º Qu'un pareil mouvement ne peut avoir lieu que par l'intervention de plusieurs forces ;

2º Que la résultante des forces qui produit le mouvement circulaire est évidemment dirigée dans le plan du cercle parcouru par l'animal, et que la direction de cette résultante passe par le centre de ce cercle ;

3º Quand l'une de ces forces, perpendiculaire à l'élément du cercle décrit par le cheval, le maintient dans le sens de la courbe ; l'autre, tangente à la circonférence, fait varier la vitesse de l'animal dans la direction même du mouvement circulaire. La force, qui produit le mouvement circulaire, passe donc par le centre du cercle décrit ;

4º Cette force, appelée *centripète*, dirigée par conséquent de la circonférence au centre, tend à maintenir sur le cercle le cheval qui réagit et tend toujours, en vertu de son *inertie*, à reprendre son mouvement en ligne droite et à s'échapper de la courbe qu'on lui fait parcourir. C'est à cette réaction qu'on donne le nom de force *centrifuge*. Il faut donc, pour maintenir le cheval sur le cercle, que la force centripète qui lui est imprimée ait la même mesure que la puissance centrifuge contraire.

Or, ainsi que nous l'enseigne la *mécanique*, quel que soit le cercle décrit par l'animal, en joignant aux forces qui le sollicitent la réaction de la force centrifuge, on obtiendra une force unique dont l'action pourra remplacer, au moins pendant un temps plus ou moins déterminé, l'action simultanée des deux forces données ; l'une tangente à l'élément décrit, l'autre diagonalement opposée à la première. La composante tangentielle fera seule varier la vitesse dans le sens de la circonférence ; la composante, diagonale à la tangente, sera la force centripète ; la réaction, égale et contraire, exercée par le centre de gravité sur le cercle, sera la force centrifuge.

Nous aurions pu étendre nos considérations sur les notions des trois genres de leviers, ainsi que de celles du pendule et de la théorie des balances; mais ce serait sortir de notre cadre, la conduite du cheval ne reposant pas sur les lois de la mécanique; « car, dit M. Dally[1], lorsqu'on applique les mathématiques aux phénomènes du mouvement, on oublie trop qu'il est impossible de calculer rigoureusement les forces d'un mobile *vivant*, dont la nature complexe, l'énergie intellectuelle, les modifications incessantes échappent incessamment à toute appréciation de cette nature.

« On a calculé, dit-il encore, l'effet mécanique de la pesanteur, de l'équibre, d'une attitude, d'une pression, d'un choc, d'une vibration, d'une oscillation, de la force centripète et de la force centrifuge, d'une abduction, d'une adduction, d'une flexion, d'une extension, d'une rotation, d'un frottement, d'un mouvement quelconque, soit intérieur, soit extérieur, exécuté avec ou sans surcharge ou résistance sur le système nerveux musculaire. Mais tant que le mouvement n'a été considéré que comme *un produit de mécanique*, on ne chercha point, on ne songea pas même à étudier ses effets physiologiques, en un mot, on ne s'imagina pas de s'élever à l'idée du mouvement, en tant que *produit de la vie.* »

Toutes ces connaissances de l'organisme mécanique sont, du reste, suffisamment décrites dans les principaux ouvrages d'équitation, au détriment peut-être de ce qui aurait dû préoccuper le plus les auteurs; nous ne pouvons que le répéter : c'est la *science du mouvement physiologique*, la source véritable des principes d'*équilibre hippique,*

Il nous reste de notre examen des phénomènes physiques, qui nous intéressent le plus à connaître, à généraliser les propriétés que présentent les fluides impondérables. Il nous serait impossible de donner le détail des principes qui ont servi de base à la théorie des expériences qui ont été faites, du reste, sans résultat décisif; aussi, nous engageons-nous à ne rien avancer de ce qui pourrait être avec raison contesté.

---

[1] *Cinésiologie*, page 467.

CHAPITRE II

DES FLUIDES.

Les fluides forment deux classes d'agents tout à fait distincts, à raison de leur nature et des phénomènes qu'ils produisent. Les uns, élastiques, divisés en *permanents* et non *permanents*, en *gaz* et en *vapeurs*, prennent la dénomination de *fluides aériformes;* les autres, *incoercibles, éthérés,* ont été nommés impondérables, parce qu'on n'a pas encore pu les peser.

ARTICLE Ier.

Des fluides aériformes.

Nous n'entrerons dans aucun détail sur la nature et les combinaisons des fluides aériformes qui ne touchent pas en propre à nos considérations.

Le rôle important que joue l'air atmosphérique dans la nature, par son action physique ou mécanique, est généralement connu. C'est au ressort de la chimie qu'appartient la recherche des lois et de la composition de cette catégorie de fluides.

Mais, puisque nous étudions les propriétés physiques des corps en général, tout ce que nous dirons des fluides impondérables, dont nous ne nous occuperons que d'une manière superficielle, pourrait aussi bien, sous certains points de vue, s'appliquer aux fluides aériformes.

Gay-Lussac est parvenu, du reste, à prouver par expérience que tous les fluides élastiques, aussi bien les gaz permanents que les vapeurs, se dilatent et se contractent en raison de la température; ils ont donc une influence directe et permanente sur l'organisme animal.

ARTICLE II.

Des fluides impondérables.

Les traités spéciaux les plus accrédités enseignent qu'après de nombreuses expériences, on considérerait aujourd'hui les phénomènes de la chaleur, de la lumière et de l'électricité, comme produits par le mouvement d'une substance unique, très-élastique, d'une densité excessivement petite, répandue dans tout l'espace, remplissant les pores qui séparent les molécules des corps pondérables. L'électricité, la lumière et le calorique ne seraient donc point des substances dues à des fluides impondérables particuliers, comme on l'a prétendu; ce serait le résultat de mouvements vibratoires particuliers, imprimés à ce fluide universel qui a reçu le nom d'*éther*.

Rappelons aussi que tous les corps, même les plus denses, sont composés de particules éminemment subtiles, d'agrégations conformes qui s'attirent, s'unissent et constituent ce qu'on appelle les molécules organiques, lesquelles, à leur tour, forment les corps les plus apparents; que ces particules, malgré leur force d'affinité et de cohésion, n'en sont pas moins perméables à l'agent universel (force ou fluide), et qu'elles rayonnent conséquemment, selon leur nature, une chaleur correspondante portant avec elle l'électricité, la lumière qui lui sont corrélatives.

Ainsi, l'homme et les animaux, les végétaux et les minéraux, tous les liquides et les fluides, aussi bien que les solides, enfin tout ce que la nature comporte se trouverait ainsi, avec toutes choses, en état de conformité de principe constitutif de perméabilité et d'émanation et assimilation de la force universelle; car l'électricité, la lumière et le calorique sont trois choses qui, dans des proportions déterminées, sont également indispensables à tout ce qui est.

Le fluide éthéré admis par les physiciens serait donc partout, pénétrerait partout; il remplirait les intervalles qui existent entre les atomes de toute substance pondérable. Comme êtres organisés, nous serions donc pénétrés par l'éther, exactement comme toute matière pondérable.

L'objet principal des recherches des physiciens sérieux est de découvrir les lois de combinaison et d'équilibre du fluide éthéré, de trouver le principe générateur de cette affinité, ainsi que les phénomènes de cet élément qui paraissent hors des lois de la nature, et qui ne paraissent ainsi que parce que la science ordinaire est impuissante à les expliquer.

Dans une science aussi extraordinaire, aussi incertaine que celle du magnétisme en général, qui ne peut s'appuyer encore sur les principes de l'élément universel jusqu'alors à l'état d'hypothèse, il n'est pas étonnant qu'il se soit trouvé des hommes qui en aient exagéré ou dénaturé la puissance, et que certains même, par des manifestations surfaites, aient cherché à exploiter l'inclairvoyance du public.

D'un autre côté, il est naturel que le manque de lumière et de conviction se soit traduit chez un certain nombre de savants en incrédulité ; mais parmi eux se sont trouvés des esprits profonds et persévérants qui se sont convaincus, par l'évidence des faits du magnétisme animal, de la puissance de l'élément impondérable, mais de telle essence qu'ils lui ont reconnu d'autres influences que celles qui régissent la matière organisée et dont les découvertes bien définies pourraient un jour changer la face de la science [1].

Nous touchons peut-être, malgré les opinions divergentes, au moment où la nature et les propriétés de ce corps nous seraient révélées d'une manière certaine. Les observations, les travaux, les recher-

---

[1] Voici l'opinion de M. DALLY sur les fluides, page 658 :

« L'électricité, la lumière et le calorique, soit dans l'atome organisé, soit dans l'atome inorganisé, sont des forces et non des fluides . . . .
. . . .

« Il n'existe réellement pas plus de fluide nerveux que de fluide électrique ou magnétique ; ce qui existe, c'est une force communiquée dès l'origine à chaque molécule à l'état d'équilibre, à l'état latent, si on veut. Le choc, l'action extérieure en produit la manifestation. Ainsi, rien ne *flue*, ne circule, ne chemine, ne se déplace dans le nerf, que les atomes nutritifs ; tandis que l'électricité animale s'y manifeste à chaque choc moléculaire, dans le sens de l'axe du nerf jusqu'à la dernière molécule. A chaque choc, cette force se dépense et se décompose avec production de lumière et de calorique, accompagnée de combinaisons et de décompositions chimico-organiques ; puis elle se recompose et se reforme en donnant lieu à des phénomènes différents du même ordre. Voilà ce qu'on doit entendre par courant ; voilà tout ce qui flue, court, chemine : le choc, rien. »

ches, les méditations de la science moderne amènent de jour en jour des connaissances nouvelles.

Et, quoique nous ne ressentions pas, d'une manière distincte, les effets électriques et magnétiques, il s'opérerait dans l'organisme un certain mouvement vibratoire qui se produirait dans l'éther qui nous pénètre. Quoi qu'il en soit, ce mouvement vibratoire existe; il est dû soit à l'action des forces nerveuses, soit à celle des fluides, ce que personne ne peut contester aujourd'hui.

Ces lacunes, que nous signalons dans les sciences physiques, sont autant d'obstacles qui s'opposent à ce que les physiologistes puissent classer, d'une façon déterminée, la transmission du fluide éthéré, par la puissance magnétique végétative que l'homme pourrait exercer sur l'éther qui entoure et pénètre également les espaces vides existant entre les gaz, les liquides et les solides dont le corps de l'animal est composé.

Du magnétisme animal. — Les effets décrits plus haut sont ceux qu'on a attribués au *magnétisme* dit *animal :* ici, ce ne sont plus des frottements, des chocs qui ont lieu entre la matière inorganique, supposée inerte, et la matière organique active. Le phénomène se passerait entre deux êtres vivants ; or, comme leur corps est dans un état continuel de composition et de décomposition chimiques, le mouvement vibratoire éthéré pourrait produire en eux des phénomènes différents de ceux qui se révèlent dans les corps dits inorganiques. Et, du moment qu'il serait admis, par l'expérience et l'observation, que l'influence éthérée de la force transmise exciterait l'électricité, la lumière et le calorique des forces organiques : la *perception* pourrait naître du contact de ces éléments entre eux ; ce serait donc par leur tendance à l'équilibre qu'elle serait, qu'elle grandirait ; ce serait donc en elle et par elle que se manifesteraient tous les attributs de l'*entendement tactile* de l'animal.

Disons cependant que l'équilibre des fluides impondérables est un principe *idéal*, sans existence réelle : il est bon pour servir de *criterium* à nos raisonnements et nous faire acquérir la valeur des rapports entre les forces hippo-dynamiques que l'on considère.

De ces données particulières, quoique vagues et indécises, nous pouvons déduire que les fluides impondérables pourraient avoir une influence directe sur l'organisation tant physique qu'instinctive de l'animal. Quoi qu'il en soit, ces recherches ne seront pas perdues si nous rattachons ces vues nouvelles aux phénomènes déjà constatés de l'action nerveuse, qui, si elle n'est pas le fait du mouvement vibratoire de l'élément éthéré, n'en existe pas moins incontestablement comme force vibratoire initiale, ainsi que la confirmation la plus probable des faits du magnétisme animal.

Nous allons voir maintenant si les considérations auxquelles nous nous sommes livré dans cette troisième partie se trouvent corroborées par l'observation des phénomènes que présente l'étude des facultés sensoriales de l'animal.

QUATRIÈME PARTIE.

DES FACULTÉS SENSORIALES DU CHEVAL.

CHAPITRE Ier

DES SENS.

On entend par le mot *faculté* l'aptitude innée et spontanée de l'encéphale à recevoir les impressions des sens et à réagir selon ces impressions exercées par les agents extérieurs sur les sens.

Les plus grands efforts de l'intelligence ont, de tout temps, été dirigés vers la connaissance des facultés sensoriales de l'animal. Les sens sont de merveilleux instruments de l'organisme, leurs appareils sont destinés à recevoir les impressions que font sur eux les agents extérieurs. Ces impressions, ces stimulations sont transmises au cerveau, qui, comme nous l'avons vu, les sent, les perçoit, et exécute des mouvements d'après ses sensations.

La *sensibilité*, dit M. *Béclard*, est due à l'impressionnabilité des *houppes* ou *papilles* nerveuses qui s'épanouissent à toute la surface du corps et qui se réunissent par groupes pour former les sens. Ces papilles nerveuses transmettent, par l'intermédiaire des filaments nerveux dont elles constituent les extrémités, leur degré de sensibilité, selon la structure des appareils et les causes extérieures qui les impressionnent, aux groupes de fibres et de cordons nerveux qui partent des centres de ce système.

Des cinq sens qui concourent à sauvegarder l'existence de l'animal, quatre, qui sont : l'*ouïe*, la *vue*, l'*odorat* et le *goût*, sont situés si près du siége des sensations, qu'on les considère communément comme ne faisant qu'un avec lui. Quant au cinquième sens, le *tact* ou *toucher*, il se trouve répandu dans toutes les parties internes et externes du corps, et, d'après la science, les divers sens ne seraient que des modifications perfectionnées du tact.

ARTICLE Ier.

Du toucher ou tact.

« Le toucher, dit M. *Béclard*, n'existe pas chez les animaux avec la même perfection que chez l'homme. Chez eux, la sensibilité, répartie sur la membrane dont la surface de leur corps est couverte, s'exerce la plupart du temps d'une manière passive, et mérite plutôt le nom de sensibilité tactile que celui de toucher proprement dit. Les poils, etc., qui recouvrent le corps de l'animal n'abolissent pas la sensibilité tactile, autant qu'on pourrait le penser, car ces parties transmettent aux tissus sensibles sous-jacents les ébranlements qu'ils éprouvent, mais elles limitent singulièrement le nombre des notions que l'animal peut tirer du contact des corps.

« Les solipèdes, chez lesquels l'extrémité des membres est terminée par un sabot, n'ont à l'arête du pied qu'un toucher très-imparfait. La sensibilité, émoussée par la substance cornée, s'accommode en ce point avec les fonctions locomotrices ; mais elle n'est pas cependant tout à fait abolie, et on conçoit que l'animal puisse avoir avec le pied la notion distincte de la *résistance*, de la *solidité* et de la *consistance*. Chez les animaux dont nous parlons, la corne repose d'ailleurs sur un derme dont l'élément papillaire est très-développé, et qui doit, par conséquent, ressentir avec une certaine vivacité les ébranlements communiqués par le sol ou par les corps extérieurs. »

Pour plus de développement sur le *tact*, et les *perceptions tactiles*, voir pages 88 et 100.

ARTICLE II.

Des tempéraments.

On remarque chez l'animal des natures privilégiées selon la race et le sang, d'où il s'ensuit des dispositions physiques et psychologiques bien tranchées. Il est reconnu, en outre, que ces facultés se forment et se développent en raison du perfectionnement primitif des organes secondaires dont l'origine réside dans l'encéphale.

La prédominance de tel ou tel système organique exerce son influence sur l'ensemble des facultés physiques et constitue ce que l'on désigne sous le nom de tempérament. On en compte cinq principaux qui expriment d'une manière saillante l'état général de l'organisme animal; ce sont : le *sanguin*, le *bilieux*, le *lymphatique*, le *musculaire* et le *nerveux*.

Par l'observation des formes extérieures du corps, on peut facilement se rendre compte, à certains signes physiques, à certaines prédispositions, de la sensibilité tactile, du tempérament du cheval et préjuger ainsi de ses facultés sensoriales. Chez les uns, le système musculaire, par son degré de développement, semble tout concentrer en lui; chez d'autres, le système nerveux joue le principal rôle; etc. Dans certains cas alors les impressions des sens et les forces motrices ne sont pas en rapports d'équilibre; de là résultent des perturbations dans les perceptions cérébrales et dans l'exécution des mouvements de locomotion.

Le tempérament détermine donc dans l'organisme la prédominance de tel ou tel système de force.

ARTICLE III.

De la sensibilité.

La sensibilité diffère, chez le cheval, en raison du tempérament et de la prédisposition naturelle des organes des sens à recevoir plus ou moins facilement l'impression des agents extérieurs.

« La sensibilité, dit M *Béclard*, varie suivant le plus ou moins grand épanouissement dermique de la fibre nerveuse. La finesse de la peau non plus n'est pas étrangère à l'impressionnabilité de l'animal. »

D'autres circonstances, telles que l'âge, le sexe, la maladie, sont autant de causes qui amènent de notables différences dans la perception des sens.

Le trop ou le trop peu de développement de la sensibilité est un défaut d'organisation. Trop développée, elle est une cause continuelle d'irritabilité dans les sensations et de trouble dans les perceptions: ce qui amène forcément l'irrégularité et la confusion dans les forces transmises. Trop limitée, elle est un obstacle à la puissance ordinaire des *aides*, et restreint les facultés de l'entendement par la difficulté de transmettre la sensation.

De là résultent des différences à apporter dans le degré de force des *pressions tactiles*, dans l'application des principes rationnels de notre méthode; et, par ses préceptes, on peut arriver à tirer parti d'une trop grande sensibilité et à remédier à l'imperfection contraire.

ARTICLE IV.

De la sensation.

La sensation est un élément propre aux facultés des sens. La sensation est inséparable de la perception. Sentir, pour l'animal, c'est éprouver une impression et en avoir la *conscience sentante*.

Dans l'action spontanée de la puissance interne sensible, l'*instinct* se révèle toujours dans la perception, quoique à des degrés différents. Il est présent dans chaque acte et dans chaque mouvement.

On n'a guère considéré, jusqu'à présent, en équitation, que les sensations du cheval exercées par l'influence des agents naturels extérieurs. Les impressions produites par *les pressions tactiles* du cavalier, faute d'observations assidues, sont restées éclipsées. Et cela, parce que les fonctions du système nerveux, sous la puissance directe du cerveau, dans les opérations de la locomotion, ont été ignorées ou qu'on a dédaigné d'en tenir compte. Aussi, importe-t-il d'en signaler l'erreur et de prouver que tout mouvement partiel ou d'ensemble de la machine animale ne peut s'exercer que par l'action de l'encéphale.

Or l'expression cérébrale étant le résultat d'une sensation produite sur les sens, soit 1º par les agents extérieurs; soit 2º par une excitation pratiquée sur quelque partie du corps; soit 3º enfin, par le souvenir ou l'habitude de ces impressions ou de ces excitations: le cerveau, dans les deux premiers cas, perçoit la sensation qui lui est transmise, et réagit d'après l'impression qu'il subit; dans le troisième, enfin, c'est le cerveau qui provoque le mouvement sous la puissance de l'impression réflexe.

Il est dès lors évident qu'à lui seul appartient l'expression que produit la sensation du bien-être ou du mal-être : d'où il résulte clairement que la conduite du cheval dépend des impressions transmises au cerveau, soit par les causes extérieures, soit par les pressions tactiles du cavalier.

En résumé, puisque le cerveau est le dispensateur de toute force et de tout mouvement, nous devons donc soumettre nos pressions tactiles à des lois qui régissent la sensibilité de l'animal, par le retour de sensations qui finissent par gouverner la matière ; de manière à développer la mémoire et à accroître la tendance à l'habitude, par l'exercice régulier de séries de mouvements qui se groupent en systèmes harmonieux et dont les opérations se coordonnent en un mouvement général d'ensemble.

CHAPITRE II

DE LA PSYCHOLOGIE ANIMALE.

ARTICLE 1er.

Considérations générales.

L'étude de la psychologie animale a pour objet la connaissance des facultés instinctives et de leur coordination cérébrale. Nous n'envisagerons naturellement cette science qu'au point de vue de l'art de l'équitation.

Il y a longtemps que par psychologie, dit *M. Ch. Bénard* [1], on n'entend plus l'étude de la psychie, — de l'âme ou de l'esprit humain, — mais celle des phénomènes instinctifs et intellectuels. Ces phénomènes sont en rapport direct avec la physiologie ; car, pour analyser leurs fonctions et les réunir en une chaîne saisissable, pour constater les influences exercées sur elles par les agents extérieurs

---

[1] *Précis de philosophie*, Paris, 1857.

qui favorisent ou entravent leur action, il faut avoir forcément recours à la physiologie.

Qui ne voit, dit l'auteur, les nombreux points de contact qui s'établissent entre la science de l'homme et les sciences qui étudient la nature, surtout la nature vivante et animée? L'homme, par son corps, tient à la nature et subit ses influences. Ses facultés ne se développent et ne s'exercent qu'au moyen des organes. Entre la psychologie qui étudie l'homme moral, et la physiologie qui cherche à découvrir les lois de l'organisme et de la vie dans l'homme physique, il existe des relations intimes. Ces deux sciences, quoique distinctes, s'éclairent et se complètent l'une par l'autre. . . . . . .
. . . .

D'où *M. Bénard* conclut que :

1º Les faits que cette science étudie sont aussi réels que ceux du corps de l'ordre physique.

2º Ils sont susceptibles d'être observés avec la même exactitude.

3º Ils sont soumis à des lois et se ramènent à des principes; en un mot, on en peut faire la théorie.

Le premier pas à faire dans l'étude de la psychologie est d'observer l'*instinct* de l'animal, c'est-à-dire d'étudier ses mouvements en cherchant à découvrir la cause qui les provoque et le principe qui les détermine. »

Or, de même que dans la science physiologique, on ne peut concevoir un phénomène sans y associer l'idée d'une force vitale, de même dans les connaissances psychologiques on est amené à admettre l'existence d'une force particulière, en vertu de laquelle toutes les facultés cérébrales se meuvent. Cette force particulière ne peut pas être confondue avec d'autres forces constatées par les physiologistes, telles que la mémoire, l'habitude, l'entendement, auxquelles on accorde certaines propriétés bien définies; mais c'est à cette force à laquelle on a donné le nom d'*instinct*, qu'est due l'unité des réactions sensoriales, expressions normales de cette vitalité.

ARTICLE II.

De l'instinct.

L'instinct est l'attribut *spirituel* des sens et des organes des êtres animés ; c'est le principe de vie et de mouvement de l'organisme ; en un mot, c'est le *moi* sensible de l'animal.

Dans ce principe sensitif et organique réside la faculté de diriger par l'*attention* l'ensemble des facultés sensoriales vers les excitations des agents extérieurs ; mais à cette puissance se rattachent seulement la perception, la mémoire et le *jugement* des sensations venant du dehors. Le jugement est la raison déterminante d'un mouvement consécutif aux impressions et sensations centripètes qui affluent au cerveau ; il est toujours déterminé par le désir d'une satisfaction des sens ou par la crainte de la douleur. C'est cette appréhension, le seul caractère réel de l'animalité, qui nous prouve que l'animal a le sentiment de son existence.

Si l'intelligence de l'animal est restreinte dans les étroites limites de l'instinct, il a en revanche des facultés instinctives telles, qu'il peut se suffire à lui-même. Il a une force disponible considérable, un goût exclusif pour les aliments qui lui sont propres, des moyens d'attaque et de défense, suivant son espèce, etc. L'instinct a donc une sphère d'activité dans laquelle est renfermée la vie de l'être sentant.

Il est à remarquer que l'instinct est d'autant plus développé chez l'animal, qu'il n'est pas troublé par le raisonnement ; aussi lui accorde-t-on une sorte d'intelligence relative qui n'est autre chose que la merveilleuse perfection de son instinct. Ainsi l'animal, sous l'impulsion irrésistible de l'instinct, accomplit des actes surprenants et qui surpassent ce que l'intelligence peut expliquer : c'est ainsi que nous ne pouvons nous rendre compte comment certains animaux, avec la précision que peut donner une horloge, connaissent qu'il est tel moment de la journée et que d'autres reviennent à leur gîte après en avoir été fort éloignés.

Quoique nous soyons fondés, en outre, à distinguer des facultés cérébrales : la *sensibilité*, la *sensation*, l'*impression* et la *perception* de celles de *détermination*, de *coordination* et d'*expression*, nous ne pouvons concevoir l'action de l'impulsion instinctive intérieure que l'on attribue vulgairement à une détermination raisonnée.

De l'instinct pas plus que de la force vitale, nous ne pouvons donc saisir l'origine, mais il est reconnu qu'à cette *âme* de l'animalité, il faut l'intervention des impressions des sens pour entrer en activité. Dès lors, toutes les impressions transmises du dehors sont concentrées, perçues, appréciées, jugées, et, après délibération spontanée, le pouvoir *instinctif* expédie et dirige toute réaction.

De l'ensemble de ses premières considérations, il suit que l'étude des facultés psychologiques, pour arriver à accroître ou à modifier ces facultés, exige une connaissance approfondie de l'influence exercée par les agents extérieurs sur la nature primitive de l'animal.

ARTICLE III.

De la mémoire. — De l'habitude.

La mémoire est le réservoir des impressions instinctives et matérielles des images et des souvenirs, ou des figures qui leur sont corrélatives; elles se casent, se constituent et s'organisent dans le cerveau, où elles servent d'aliment à l'entendement, et fournissent les matières à la perception et à la volonté; et, tout autant que les facultés organiques du corps, elles n'échappent aux lois de l'union de l'instinct avec le corps, du mouvement avec l'organisation.

Il faudrait passer en revue l'existence entière de l'animal et l'étudier dans tous ses mouvements pour se rendre bien compte de l'influence de la mémoire et de l'habitude sur ses déterminations instinctives.

Nous ne croyons pas nécessaire de nous étendre longuement sur ce sujet, car tout le monde s'accorde à reconnaître au cheval la faculté de la mémoire à un degré surprenant. Aussi, par suite de la répétition des mêmes mouvements, ce phénomène se reproduit et se développe au fur et à mesure que l'animal s'associe, par l'instinct dont il est animé, aux mouvements habituels qui sont soumis à sa volonté. C'est donc en considérant le mouvement à sa source que l'on peut se convaincre que, pour ramener le cheval à la docilité, il suffit de le ramener à un mouvement familier.

Par le fait de la mémoire, il y a ce que l'on peut appeler la connaissance de la sensation qui engendre l'habitude pour devenir ensuite entendement.

Le cheval, comme tous les animaux, a une *tendance* à l'habitude et à l'imitation, c'est-à-dire qu'il a un penchant remarquable à répéter les mouvements qu'il a déjà exécutés; il les répète d'autant plus facilement et d'autant mieux qu'il les a exécutés plus souvent. Enfin, c'est en répétant les mêmes mouvements aux mêmes heures et dans un même ordre de succession, sagement coordonnés par rapport aux divers modes de locomotion et suivant nos principes rationnels, que les mouvements se classent dans le souvenir et deviennent familiers. C'est donc sur cette tendance à l'imitation, sur cette puissance de l'habitude que doit se guider d'abord toute école de dressage.

Quant aux mouvements vicieux dont certains chevaux ont l'habitude, nous parlons de ces mouvements qui naissent de souvenirs, de douleurs ou de mauvais traitements subis, d'un caractère distinct des mouvements résultant des sensations des sens ou des pressions tactiles des *aides*, ces mouvements émanent directement d'une sensation fortement imprimée dans la mémoire.

Les impressions qui se forment ensuite pendant le cours du dressage, peuvent arriver à dominer ces fortes impressions, mais jamais à les effacer entièrement. C'est de ces considérations qu'il faut donc partir pour parvenir avec succès à créer une série de mouvements dont la prédominance soit en raison de la sensibilité et de la mémoire de l'animal; en un mot, en raison des mouvements acquis.

La répétition des mêmes mouvements rend donc les divers modes de locomotion faciles, sous le domaine de l'habitude. De là naît et s'accroît le besoin impérieux des mêmes mouvements, car toutes les puissances motrices n'ont reçu le principe de contraction et de réaction que pour recevoir les impressions et déterminer le mouvement.

De l'habitude dérivent encore, nous l'avons dit, les facultés de l'entendement d'où dépend la perfectibilité de l'organisme animal; l'étude attentive de la formation et du développement de cette faculté sera l'objet de l'examen suivant.

ARTICLE IV.

De l'entendement (*ou des perceptions de la sensibilité tactile*).

On comprend généralement par *entendement* l'ensemble des facultés intellectuelles.

L'entendement, dit *Buffon*, est non-seulement une faculté de la puissance de réfléchir, mais c'est l'exercice de cette puissance. Les animaux n'auraient donc pas d'entendement dans l'acception du mot.

Mais l'entendement considéré comme puissance sensoriale, faculté par laquelle les sens perçoivent les sensations diverses et acquièrent la connaissance de toutes les choses sensibles qui les impressionnent agréablement ou désagréablement, l'animal, en général, le possède à un degré supérieur à l'homme; mais il ne possède pas comme lui la faculté de comparer les sensations mêmes et d'en former des idées.

Pour l'animal, la sensation est le point de départ de l'entendement, la cessation de la sensation en est le terme.

Le phénomène de l'entendement tactile est donc une question de bien-être ou de mal-être pour le sens de l'animal qui éprouve la sensation; une indication déterminée pour le cerveau qui la perçoit. De cette double empreinte psycho-physiologique naît le double développement de la sensibilité tactile et de la connaissance tactile de l'animal.

Nous allons tenter de découvrir les effets de l'entendement dans les impressions de la sensibilité tactile du cheval, au point de vue qui nous occupe, et nous verrons bientôt que les sensations réflexes qu'ils excitent et les mouvements organiques qu'ils déterminent émanent d'un principe unique, et que ce principe est l'*instinct de conservation*.

A mesure que les moyens de domination de l'écuyer augmentent, les facultés tactiles de l'animal se développent; la mémoire se perfectionne, une sorte d'entendement sensorial se crée en lui; de là l'origine de cette exécution surprenante dans les mouvements de haute-école.

Cette faculté de l'entendement tacile est une des plus remarquables facultés psycho-physiologiques du cheval, en ce qui nous intéresse; aussi donnerons-nous à cette partie quelque développement et lui accorderons-nous une certaine analyse, car *c'est le pivot de notre système*.

C'est par l'instinct, avons-nous dit, que la sensation devient, par la sensibilité exercée, une cause de développement du double phénomène dont nous avons parlé plus haut.

Or, par l'instinct, la sensation est essentiellement distincte; elle est ou *bien-être sensible* ou *mal-être sensible*. Il n'y a donc pas de sensation tactile des aides indifférente par le fait, bien que l'animal puisse ne pas répondre à certaines sensations, soit qu'il n'ait pas l'habitude de les éprouver, soit que trop familiarisé avec elles il y reste indifférent, soit enfin, que son cerveau, impressionné par une autre cause, ne les ressente pas.

Dans tout état normal de la sensibilité, le fait de l'action des aides qui détermine l'impression aboutit à un premier mouvement purement passif sur le cerveau; puis celui-ci, excité instantanément par la sensation qu'il subit, réagit d'après l'effet de cette impression et détermine un *mouvement*, lequel se distingue nettement de l'impulsion des aides, soit qu'il s'associe à cette impulsion, soit qu'il la repousse.

On peut donc ramener à deux mouvements tous les phénomènes qui résultent des sensations produites par les pressions tactiles du cavalier; *l'un attractif*, qui s'élève de la sensation normale des forces transmises et tend à devancer et à prévenir la cause; *l'autre répulsif*, qui naît de la sensation anormale des forces impulsives et tend à éloigner et à fuir la cause.

Telles sont les deux séries d'impressions et de mouvements d'une nature tout à fait contraire que la sensibilité tactile de l'animal, diversement affectée, développe suivant les différentes sensations qu'elle éprouve.

D'où l'on peut conclure que le mouvement de réaction, que détermine évidemment l'instinct de conservation, varie suivant le degré d'équilibre de cette sensation dans le cerveau, d'après la façon dont l'entendement tactile est impressionné.

Considérons donc d'abord ce qui se passe dans le mouvement *attractif* des aides.

Il faut distinguer dans l'entendement tactile deux opérations différentes dont la première sert de base à la seconde et la précède nécessairement, ce qui peut se définir ainsi.

L'organisation tactile de l'animal savamment mise en jeu par les aides commence à se plier, pour ainsi dire, sous la sensation qu'elle éprouve; elle cède comme pour accroître en quelque sorte la force concentrique qu'elle subit et s'y associer plus aisément. C'est là le premier mouvement expressif. A cette première concession de la sensibilité succède bientôt l'entendement affectif; la sensibilité absorbe dès lors l'impulsion attractive des effets des aides; elle tend à ramener à elle la détermination du mouvement, à s'assimiler l'impulsion pour ainsi dire.

Cette puissance invisible dans les rapports qui nous occupent actionne les nerfs, entretient les impressions et provoque les réactions; elle tempère dans les mouvements ce que les pressions tactiles ont de trop violent, ou supplée à leur insuffisance.

Nous ne serions pas éloigné de croire que cette puissance se développerait sous l'influence de cette force encore mystérieuse à laquelle on donne parfois le nom de magnétisme et que comporteraient les pressions tactiles dans leur production d'électricité, de lumière et de calorique qui stimulerait et exalterait ainsi le principe instinctif qui anime alors le cheval sous l'action de l'écuyer.

Quoi qu'il en soit, ce fait est le résultat de mouvements réflexes, et doit naître de l'attraction des deux centres de gravité et par conséquent de l'entendement développé par cette attraction; de là cette union intime des forces opposées qui ne forment plus alors qu'un foyer commun. Les nerfs qui reçoivent, dans ce cas, la réaction des impressions, font agir les organes locomoteurs sans que l'animal en soit averti sans l'intervention, pour ainsi dire, du cerveau. Cependant l'exercice de ces mouvements par l'action des fonctions de centralisation influe puissamment ensuite sur la mémoire, l'habitude enfin, sur l'entendement tactile.

Contrairement, lorsque l'organisation tactile est trop violemment ou improprement excitée, elle exprime une impression tout autre et par conséquent manifeste des mouvements d'un ordre tout à fait opposé. Au lieu de céder, elle se replie; le cavalier la sent se contracter sous l'impression des aides : la contraction de l'organisme est donc la première conséquence de la sensation portée à faux. Ce premier mouvement ne tarde pas à se manifester davantage; la sensibilité fuit le mouvement attractif des aides, elle se resserre de plus en plus pour échapper à la souffrance qui la menace; on la sent se détourner des effets tactiles, se dérober à leur puissance; enfin on voit le cheval se mettre sur la défensive pour éviter et repousser toute agression douloureuse. (Voir *Répressions*.)

Ainsi, après avoir constaté, dans ces mouvements élémentaires, le développement de l'entendement qui se produit dans le cerveau par le fait de la sensation tactile; après avoir constaté et son point de départ qui est la sensation, et son élément qui est la fusion des centres de gravité, et son terme qui est la cessation de l'impression: nous découvrons, de cet examen, l'explication qui révèle la nature qui les anime et le lien qui les unit. La sensation n'est plus alors un fait qui précède le développement de l'entendement : c'est la raison même de ce développement; l'expression des mouvements qui le constituent sous chaque impulsion du cavalier, et leur enchaînement, tout reçoit sa solution. L'unité apparaît sous la variété, et sous la tendance de ces éléments à l'équilibre. L'entendement se réduit donc pour nous à un mouvement qui a sa source dans la concentration des forces motrices, sa condition dans l'opportunité de la sensation tactile transmise, son principe dans l'instinct de conservation, son développement dans le *bien-être* sensible et sa loi dans la puissance de tact du cavalier.

Cette faculté de l'entendement reconnue distincte des autres impressions des sens n'est prédominante, par conséquent, qu'autant qu'elle n'affecte pas l'instinct de conservation qui subordonne toujours l'entendement.

Le cheval peut donc acquérir cet entendement, car il a le besoin, le désir d'exécuter des mouvements. Il a de plus la *conscience* instinctive de la supériorité de l'homme. Et l'action de sa soumission, à la juste domination du cavalier, lui donne le sentiment de bienêtre ou de mal-être, de soulagement ou de souffrance dans ses rapports directs et incessants avec lui.

Ces facultés, il est vrai, varient suivant la race et le degré de dressage du cheval, mais il est constant que l'application de principes rationnels les développe.

En résumé, nous pouvons conclure que les mouvements de locomotion ne s'exécutent qu'en vertu des perceptions intérieures instinctives, ou de celles produites par les agents extérieurs sur les sens; que le siége de ces facultés réside au cerveau, et que l'entendement dépend naturellement de la richesse et du développement des facultés cérébrales.

CINQUIÈME PARTIE.

CINÉSIOLOGIE HIPPIQUE.

DE L'UNITÉ HARMONIQUE
DANS LES PHÉNOMÈNES PHYSIQUES, PHYSIOLOGIQUES
ET PSYCHOLOGIQUES, OU DU MÉCANISME VIVANT
EN ACTION.

CHAPITRE UNIQUE

DE LA SCIENCE DU MOUVEMENT AUXILIAIRE CORRESPONDANT
A CELLE DU MOUVEMENT NATUREL.

ARTICLE Ier.

Idées générales [1].

Lorsqu'on ne considère des propriétés du mouvement équestre que le mouvement impulsif en lui-même, sans s'occuper du corps auquel il est appelé à s'unir et des conditions de leur union, on ne peut appliquer sûrement, au profit de la locomotion, ses propriétés dans l'organisme animal; n'observant du mouvement auxiliaire que ses effets en quelque sorte *matériels*, ce qu'on appelle d'une manière générale *impulsion*, ne retenant, par conséquent, du mouvement hip-

---

[1] Cette cinquième partie a été tirée entièrement de l'ouvrage de M. Dally : *Cinésiologie* ou *Science du mouvement* (Paris, 1857); nous en avons décomposé les dires pour les approprier, de la façon la plus profitable, au développement de la science de l'équitation.

pique lui-même que ce qui est relatif à son ensemble ; et négligeant soit tout ce qui ressort du mouvement interne, également sous la dépendance des agents extérieurs et intérieurs ; soit tout ce qui se rapporte aux facultés instinctives, principes primordiaux, cependant, des réactions organiques.

L'art de l'équitation reposerait donc, tout d'abord, sur le plus ou moins de connexité entre les effets du mouvement auxiliaire de locomotion et ceux des agents de toute nature concourant tous plus ou moins au mouvement physiologique, suivant les circonstances et d'après les relations d'équilibre des facultés physiques et instinctives de l'organisation.

Ces considérations font pressentir la base sur laquelle doit être établie la recherche de l'exercice des impulsions équestres, pour assurer leurs pouvoirs sur les facultés de l'animal, et des conditions physiques de cet exercice par la nature même de ces impulsions que nous allons envisager, et celle des attributs de ces facultés étudiées dans les chapitres précédents.

Le sujet de cette cinquième partie comportera donc l'exposé des propriétés dans lesquelles on peut décomposer le mouvement auxiliaire, au point de vue surtout de la recherche des conditions organiques de son exercice sur l'organisation animale, et la détermination des rapports psycho-physiologiques des facultés instinctives avec le mouvement.

Où prendre les premières notions du mouvement auxiliaire (ou pression tactile) ? Dans les éléments mêmes du mouvement naturel, nous enseigne *M. Dally.*

Qu'une machine qui sort de la main de l'homme reste inactive, elle se rouille inutile ; qu'elle fonctionne au delà de sa force réelle, elle éclate ou s'arrête impuissante ; qu'elle ne fonctionne que dans quelques-unes de ses parties, elle se tord, se détracte et tombe en ruine ; ce n'est qu'en fonctionnant dans son unité dynamique, qu'elle manifeste toute sa virtualité.

« A plus forte raison en est-il de même d'une machine vivante, infiniment plus compliquée et plus parfaite, et qui, de plus, a la propriété de puiser incessamment, dans l'air et dans les matériaux mêmes de l'alimentation, les éléments réparateurs de ses pertes incessantes. . . . .

Ce travail de désassimilation et d'assimilation est un fait chimique ; mais c'est dans l'action physique, c'est dans les contractions musculaires déterminées par l'excitabilité des nerfs, qu'en réside la cause. . . . .

A chaque organe, selon ses besoins, et en proportion de sa sphère d'activité.

Ainsi, l'excitabilité des nerfs, la contractilité des muscles et la vascularité sont les trois principales manifestations de la vie dans l'organisme. C'est sous l'influence de l'excitabilité des nerfs que les muscles se contractent, mettent en jeu le mécanisme vivant ; d'abord, les organes respiratoires puisent dans l'air l'oxygène nécessaire à la purification du sang. Ensuite, les valvules du cœur cèdent à l'impulsion du sang régénéré qui porte à chacune des parties de l'organisme ses éléments plastiques réparateurs.

L'équilibre se maintient et la machine fonctionne dans un rhythme normal et harmonieux, aussi longtemps que le nerf, le muscle et le sang conspirent, chacun selon sa destination, à fournir la somme d'activité nécessaire à toutes les fonctions.

Il faut encore que ces conditions essentielles à la vie soient réparties dans toute l'économie d'une manière proportionnelle aux exigences de chaque organe. Or, cette juste répartition dépend surtout du nerf, du muscle et du sang, dont les mouvements sont primordialement corrélatifs entre eux.

Sans doute, toutes les parties du mécanisme vivant sont indispensables au même degré pour entretenir le mouvement ; mais quand on considère l'importance des fonctions qui établissent les rapports avec les agents extérieurs, n'a-t-on pas le droit de regarder cette importance comme relativement supérieure à toutes les autres ? Si donc le nerf, le muscle et le sang sont les parties principales du mécanisme vivant, les deux phénomènes corrélatifs de *concentricité* et d'*excentricité*, qui relient l'animal au monde extérieur et toutes les fonctions physiologiques entre elles, en sont les deux phénomènes primordiaux indispensables.

Que ces deux phénomènes se produisent d'une manière normale, il y a équilibre ; tous les rapports s'accomplissent dans un mouvement d'ensemble et d'harmonie et concourent à écarter les causes de désordres qui pourraient s'y rencontrer. Mais si l'une quelconque des réactions a été impuissante, il y aura trouble dans les mouvements, et, dans ce sens, *souffrance;* en sorte que l'*équilibre dépend moins directement de l'impulsion transmise que de la réaction particulière qui détermine le mouvement.*

Là est toute la science du mouvement auxiliaire correspondant à celle du mouvement naturel. »

ARTICLE II.

De la transmission du mouvement auxiliaire.

« Nous venons, dit *M. Dally*, de donner un aperçu de la classification des mouvements naturels. Tous ces mouvements sont transmis ou communiqués par des agents particuliers du mécanisme vivant, aussi bien ceux de l'extérieur, visibles, que ceux de l'intérieur, invisibles ; ceux-ci ne sont, en effet, que comme les points de départ de tous les autres : le bras se meut, mais c'est le muscle qui produit le mouvement qu'il a reçu du nerf, qui a subi lui-même le mouvement du centre nerveux, qu'il a reçu ou de l'instinct passif de la spontanéité de l'être inconscient, ou de la volonté passive de l'être conscient.

C'est donc par une suite non interrompue de mouvements *concentriques* et de mouvements *excentriques*, transmis ou communiqués intérieurement par des agents intermédiaires directs, successivement passifs et actifs, que le mouvement du bras s'est produit à l'extérieur ; mais l'agent communicateur indirect, l'un des plus éloignés, c'est la spontanéité de l'être agissant avec ou sans conscience.

Tout mouvement serait donc *concentrique* pour tout centre qui le reçoit, et *excentrique* pour tout centre qui le transmet.

Examinons cette question :

Soumis à toutes les influences des éléments extérieurs, le mécanisme vivant a la faculté de recevoir les influences de ces éléments, et de se prêter, passif, à leur action ; il a aussi la faculté de réagir en conséquence, soit pour les repousser, nuisible, soit pour se les approprier, utile, à son développement ou à sa conservation ; et cela, selon le degré de l'énergie vitale dont il est pénétré.

Ainsi le mécanisme vivant se trouve perpétuellement dans un état de *réceptivité* et de *spontanéité corrélative*. Mais la réceptivité est accompagnée de la *passiveté*, comme celle-ci l'est d'une action *concentrique* correspondante. Il en est de même de la spontanéité ou faculté d'agir selon sa nature propre. La spontanéité est suivie de l'*activité*, comme celle-ci est suivie d'une action *excentrique* également correspondante.

Or, par les *moyennes proportionnelles* qui s'établissent entre ces deux séries de phénomènes, les uns *biologiques* (les autres *hippiques*), se réalisent toutes les fonctions physiologiques, chimiques et psychologiques dans l'unité du mécanisme vivant.

Toutes ces fonctions dépendent de l'instinct ou tendance invincible vers tout ce qui est nécessaire au développement et à la conservation de l'être selon son espèce.

ARTICLE III.

De la propagation du mouvement auxiliaire.

« Nous avons vu, suivant *M. Dally :*
Que la force peut être représentée par la sphère de son action ; cette sphère comprend ses trois éléments constitutifs, et c'est l'intensité qui en est le rayon. Quand une force agit sur un point d'un corps, l'action se propage dans ce corps suivant les trois dimensions. — Voilà la première conséquence à laquelle nous sommes arrivés.

Nous avons également appris ce que c'est que cette sphère d'action (pages 66-67) ; de quoi on pouvait la concevoir composée sous le rapport matériel. Et de plus, si l'action de la force fait vibrer une molécule sphérique, cette molécule éprouvera une pression, suivie d'une expression ou dilatation ; ce qui nous rend compte de l'influence que doivent avoir les pressions tactiles, d'après le mode de déplacement moléculaire par la succession des dilatations et des contractions, c'est-à-dire des mouvements *excentriques* et *concentriques*.

Entre ces deux sortes de mouvements, néanmoins, il existe une différence de conséquences, dit *M. Dally*, qu'il importe de signaler. La voici :

I. Du mouvement excentrique. — « Le mouvement excentrique, dû à une cause mécanique, produira, par les vibrations de l'éther, toutes les conséquences physiques que l'on observe dans les actions mécaniques. Le mouvement *excentrique* est donc un générateur d'électricité, de lumière et de calorique.—Et ce n'est point une hypothèse que nous faisons là : les études physiques les plus récentes ont mis hors de doute le fait remarquable de la corrélation qui doit exister entre l'électricité, la lumière et le calorique. On a déduit leur identité de ce que l'un de ces phénomènes est toujours accompagné des deux autres. On finira, pensons-nous, par les considérer comme une sphère d'action dont l'électricité est la *force centrale génératrice ;* la lumière, la *force rayonnante déterminatrice de la forme ;* et le calorique, la *force de surface déterminée*, ou limite *de la forme ;* en sorte que *un* d'électricité égalerait *deux* de lumière, comme *deux* de lumière *trois* de calorique.

II. Du mouvement concentrique. — « Le mouvement *concentrique*, dû à la réaction que produisent les liaisons moléculaires, a pour conséquences les divers phénomènes chimiques : entre autres, la production des gaz : l'azote, l'hydrogène et l'oxygène ; le carbone, la vapeur d'eau et l'acide carbonique ; autres sphères d'action, dont les expériences de *M. du Bois-Raymond* tendent à constater la réelle manifestation dans les courants électriques.

Nous n'avons pas fait mention de la loi du mouvement. Comme toutes les forces considérées (en l'équitation) sont des forces intermittentes, ce sera toujours la loi générale d'action ou de répulsion s'exerçant en raison inverse du carré de la distance.

III. Des mouvements doubles. — « Enfin, nous n'avons pas besoin de dire que, de même que le corps agissant exerce son action sur le corps qui lui est soumis, il en reçoit en même temps une du corps sur lequel il agit. Cette dernière force est mathématique, c'est-à-dire, sous les trois dimensions, égale à celle communiquée. Comme notre but a été seulement d'étudier le mode de propagation d'action ou d'influence d'une force sur un corps, sous un point de vue général, nous n'avons pas à insister sur ce dernier point ; il nous suffit de le signaler et d'ajouter qu'il rend compte de l'influence due aux mouvements doubles.

Nous pensons en avoir dit assez pour établir que le point de départ du principe du mouvement est aussi celui de la gravitation, de l'affinité moléculaire, de la spontanéité de l'animal.

ARTICLE IV.

Conditions cinésiques de toute sphère d'action.

« Nous rappellerons que, dans toute sphère d'action, la force considérée comme centre est représentée par *un* d'électricité ; comme rayon, par *deux* de lumière, et comme surface, par *trois* de calorique.

Nous employons ces termes pour éviter toute confusion, et sans trop insister sur leur exactitude précise, l'une quelconque de ces causes étant toujours suivie des deux autres comme effet. De plus, comme ces considérations s'appliquent à la nature organique surtout, nous désirons aussi que ces dénominations ne s'entendent que par l'analogie de ces trois causes par rapport aux effets. Il indique aussi la manière dont la matière organique se trouve affectée par ces trois causes : électricité, lumière et calorique organiques, avec celles que la physique a étudiées sur la nature inorganique.

En outre, nous acceptons cet ordre : *un* d'électricité, *deux* de lumière, *trois* de calorique, parce qu'il nous semble plutôt l'ordre rationnel des causes par rapport aux effets.

Posons donc que lorsqu'une force quelconque, considérée seulement comme un de force, abstraction faite de ses trois dimensions (page 66), agit sur une autre sphère d'action, elle agit, selon les trois dimensions de cette sphère, par trois de calorique sur sa surface, par deux de lumière sur son rayon et par un d'électricité sur son centre.

Ce qui nous amène à conclure, d'après *M. Dally*, que le *mouvement* provienne de la réaction instinctive du centre cérébral, consécutivement à une sensation perçue, ou qu'il provienne de l'action d'une force extérieure, l'atome ou l'influence, quelle qu'elle soit, *touchant, pressant,* en un mot, *vibrant,* par un d'électricité à l'état *actif* sur un atome nerveux, qui en est *touché, pressé, vibré,* et dans lequel il se développe conséquemment un d'électricité à l'état *passif :* dans l'un et dans l'autre cas, ces deux espèces d'électricité latentes se décomposent en deux de lumière aux rayons et en trois de calorique à la surface de l'atome. Dans le premier cas, l'action nerveuse ondule péripolairement du centre cérébral à la périphérie, et, dans le second, de la périphérie au centre cérébral.

Sensations du tact. — « Mais, que le mouvement provienne de la pression *vibrée* par le centre cérébral ou par une force extérieure, l'atome nerveux qui reçoit cette vibration est nécessairement *passif,* et l'électricité, la lumière et le calorique qui se développent dans ce sphéroïde atomique sont conséquemment aussi à l'état *passif.*

La sensation du *tact* est donc toujours *passive* et l'acte du *toucher* toujours *actif* comme les termes relatifs qui les désignent ; ou bien le *toucher* est un *contact* dans lequel il y a un corps *touchant* avec développement d'électricité *active,* et un corps *touché* avec développement d'électricité *passive.*

Le sens du *tact* donne à l'animal la faculté d'*être sensible au toucher.* La tactilité est donc de nature essentiellement *passive.*

Soit, en effet, que le tact soit occasionné par le choc ou *toucher instinctif du centre cérébral* ou par le choc ou *toucher d'une force extérieure quelconque,* l'atome nerveux qui reçoit l'action ou du centre, ou de la périphérie, est nécessairement dans un état *passif,* et sa réaction active, de la périphérie au centre ou du centre à la périphérie, donne encore une sensation de nature *passive* au centre cérébral, ou une impression *passive* sur les papilles sensibles de la périphérie, impression et sensation *passives* comme celles des autres sens. Que le tact soit donc considéré par rapport à l'impression ou à la sensation, c'est toujours, en définitive, un phénomène de *passiveté.*

Le tact est le sens qui met l'animal dans sa *réceptivité instinctive,* en rapport, d'un côté, avec les forces zootiques et physiques, et de l'autre, avec les forces *physiques* des choses ambiantes.

L'appareil de la tactilité est répandu par toutes les parties du corps : dans les membranes du cerveau, du cervelet, de la protubérance annulaire, de la moelle épinière; dans toutes les tuniques des os, des nerfs, des muscles, des vaisseaux; dans toutes les membranes muqueuses des viscères, enveloppes qui forment les limites des organes intérieurs, et dans celles de la peau qui limite la forme de l'animal.

L'appareil du tact est donc spécialement membraneux *épidermique* et *dermique*, ou, comme nous l'avons déjà nommé, cutanéo-respiratoire.

Plus exactement, on pourrait le nommer *épidermique*, car c'est l'épiderme, triple couche membraniforme d'ordre physico-organique, qui reçoit d'abord le toucher (chocs, pressions, vibrations) des trois forces dont sont chargés les atomes ambiants, à l'état gazeux, fluide ou solide, soit dans les atmosphères intérieures du corps, soit dans son atmosphère extérieure.

Or, c'est par leurs surfaces, c'est-à-dire par leur force *calorique*, soit statique, soit tonique, soit dynamique, que sont en contact les atomes ambiants à l'état gazeux, liquide ou solide.

Cet immense appareil du *tact* est donc de la plus grande importance. Selon Broussais et tous les auteurs, soit anciens, soit modernes, *le calorique est le premier et le plus important de tous les stimulants, et s'il cesse d'animer l'économie, les autres perdent leur action sur elle; le calorique met en jeu la puissance qui compose les organes.*

Aussi, toute l'attention de la science équestre actuelle devrait-elle être principalement dirigée vers l'étude des puissances tactiles, qui puisent le mouvement dans les *sources de la chaleur ;* et, d'après M. *Dally,* « les sources de la chaleur sont dans les membranes muqueuses, dans toutes les tuniques de l'organisme mises en fonction par la tactilité, et par la tactilité seule, soit intérieure, soit extérieure, ou, plus exactement, par la polarité des deux espèces de calorique de nom contraire.

Des trois sphères dynamiques. — « Il y a donc dans l'organisme, nous le répétons, trois sphères dynamiques principales d'électricité, de lumière et de calorique du même genre, mais d'espèces différentes.

1° La sphère d'action *cutanée* est l'appareil passif de la sensation et de la respiration.

2° La sphère d'action du *grand sympathique* est l'appareil de digestion, de nutrition et de génération.

3° La sphère d'action *cérébro-rachidienne* est une unité composée de trois sphères d'action concentriques complexes.

Il ne serait guère possible, dans l'état actuel de la science, de prétendre déterminer la loi des fonctions auxquelles nous faisons allusion; mais, par contre, on voit qu'il existe un certain rapport nécessaire entre elles, et que ce rapport peut être exprimé par trois de calorique. Nous désirons donc que ces termes mathématiques dont nous nous servons soient considérés comme l'indice de notre pensée et non comme des expressions exactes des rapports qui ne sont que pressentis.

Telles sont donc les trois sphères d'action de calorique, de lumière et d'électricité d'espèces dynamiques distinctes qui constituent l'animalité. La première est à la seconde comme elle est à la troisième, c'est-à-dire qu'elle procède de la seconde comme de la troisième; elle est comme leur moyenne proportionnelle ou, ce qui est la même chose : trois de calorique à la surface cutanée égalent deux de lumière au rayon grand sympathique, et un d'électricité au centre cérébro-rachidien.

Ici encore nous ne faisons que tirer une simple conséquence du principe mathématique des trois forces primordiales que nous avons posé primitivement, tout en cherchant les rapports de cette conséquence avec les hypothèses ou les faits admis par la science.

Quoi qu'il en soit, ces trois forces sont donc à l'état actif ou positif, lorsqu'elles *vibrent;* et passif ou négatif, lorsqu'elles sont *vibrées*.

Du mécanisme nerveux. — « Quant aux conditions *mécaniques* du système nerveux, c'est un principe tout mathématique confirmé par les expériences de l'électro-magnétisme : l'électricité est à l'état *actif* ou *passif* (positif ou négatif), selon que l'organe ou la molécule-centre envoie la vibration ou la reçoit : la lumière est toujours à l'état *passivo-actif* ou *activo-passif*, ou *doublement passif* et *doublement actif*, selon que l'organe ou la molécule-rayon reçoit l'action du centre ou de la circonférence, ou bien la leur renvoie; le calorique est *trois fois actif* ou *trois fois passif*, selon que l'organe ou la molécule-surface reçoit l'action du centre et du rayon de sa propre sphère, ou d'une circonférence extérieure, ou bien qu'il la leur renvoie; enfin ces trois forces sont *nord* ou *sud*, *est* ou *ouest*, selon leurs positions respectives. »

Que conclure de tout cela, sinon que les *aides* sont spécialement les appareils organiques extérieurs *cinésiques*, dont la source *physiologique* et la source *psychologique* sont dans le cerveau?

Cela ne suffit pas: il faut encore, dit M. Dally, étudier ce que l'on entend par *impression, sensation, organes des sens*, et poursuivre l'observation dans toutes les profondeurs de l'organisme, afin d'élever, s'il est possible, ce fait nouveau au plus haut degré de certitude et de précision. Toutefois, nous devons encore nous renfermer dans les limites les plus étroites, en nous appuyant toujours sur les observations et les dires de l'auteur.

ARTICLE V.

De l'unité dans la variété.

« L'*impression* reçue par l'organe du tact était arrivée, par les effets des aides aux petites cellules du cervelet et de celles-ci à celles du cerveau, à l'état de *sensation*. Cette sensation, transformée en *sentiment*, revient ensuite par les grandes cellules du cerveau en *mouvement-genre*, par celles du cervelet en *mouvement-espèce*, et par la concentration des *aides* en *mouvement-individu*, purement encéphalique, avant d'être transmis hors de l'encéphale.

Nous avons déjà traité ce sujet: nous compléterons notre pensée en décomposant ici les dires que nous croyons être ceux de M. Dally.

Si la sphère impulsive des *aides* est un appareil des trois forces primordiales à l'état psycho-physiologique, et la sphère de l'instinct, soumise à la première, un autre appareil de ces trois mêmes forces du même état physico-organique, nous sommes forcés d'admettre que la transformation s'est faite, sous la double influence de la volonté du cavalier et de l'instinct de l'animal, entre leur calorique de nom contraire. Le produit de cette opération n'est ni l'impression, ni la sensation, ni l'entendement, mais un *mouvement proportionnel* en fonction d'impression, de sensation et d'entendement, et représentant le *mouvement intérieur*, ou l'*idée du mouvement extérieur*, idée composée des propriétés de ce mouvement à l'état fixe, ou d'ensemble d'abord, puis à l'état instinctif ou psychologique.

Ainsi, d'après *M. Dally*, l'élaboration de l'impression du mouvement, des propriétés, des qualités de l'objet se fait, dans les mêmes appareils psycho-physiologiques que celle de l'impression des substances alimentaires sapides, ou autres impressions sensoriales; comme aussi la combinaison qui résulte du contact des deux atomes chargés d'électricité de nom contraire se fait dans les appareils artificiels de puissance *chimique* : et la transformation des idées, celle des images, celle des tissus organiques et celle des mouvements, ont leur origine dans les quatre ordres distincts des trois forces primordiales, spécifiquement différentes et génériquement identiques.

Et là, nous retrouvons dans la similitude de production de ces quatre ordres de phénomènes le principe d'harmonie qui unit entre elles toutes les parties de l'organisme et tous les principes d'équilibre de l'organisation équestre.

ARTICLE VI.

Conclusion de ce chapitre.

« 1° Nous rappellerons d'abord, dit *M. Dally*, que, lorsque nous parlons d'électricité, de lumière et de calorique, nous n'entendons point désigner par ces termes des fluides quelconques, tout subtils qu'on puisse les supposer. L'électricité, la lumière et le calorique, quelle qu'en soit l'essence, ne sont pas des fluides, mais des forces différentes capables de se transformer entre elles : ce sont des forces qui se développent, dans chaque molécule organisée, à la suite de *vibrations*, qui résultent de *chocs*, de *contacts* ou *pressions*, soit extérieures, sous l'action de milieux de nature diverse (et, pour nous, sous celle des aides); soit intérieures, sous l'action des forces organiques et psychologiques.

2° Nous avons vu que l'expérience démontre, de la manière la plus claire, que ces forces existent dans toutes les molécules, dans toutes les cellules de l'organisme, soit à l'état latent ou d'équilibre statique, soit à l'état tonique, soit à l'état dynamique ou de manifestation, et qu'elles ne manquent pas d'une certaine analogie avec les phénomènes de l'électricité voltaïque ou galvanique. »

De la théorie cinésique appliquée à la science hippique. — D'après ces études, il ressort que le principe d'équilibre hippique est exactement celui de la *cinésie* et se constitue de la même sphère d'action des trois forces élémentaires, en dehors de laquelle rien ne peut être ni engendré, ni engendrer aucun *mouvement;* ne peut ni être créé, ni créer aucune harmonie; enfin ne peut ni être, ni exister, ni subsister.

C'est le principe, dit encore *M. Dally*, que nous avons essayé de mettre en lumière, et qui a servi de base à toutes nos observations, c'est le principe que nous avons appliqué à tous les systèmes qui composent l'unité de l'être organisé.

Il nous faut maintenant l'exposer sous sa forme purement hippique.

L'organisme animal implique nécessairement :

1° Une *force centrale*, ou, ce qui est la même chose, une proportion déterminée d'électricité *épidermique, dermique, physiologique* et *psychologique*, génératrice ou productrice d'un premier mouvement nécessaire pour maintenir l'unité dans l'organisme et perpétuer cette unité comme genre dans le mouvement.

Cette force se manifeste ainsi dans un double état, l'un *actif*, lorsque d'un centre moléculaire elle fait un mouvement excentrique vers le rayon, et l'autre *passif*, lorsque le rayon renvoie au centre l'action qu'il a reçue ; ce qui suppose l'élasticité des tissus, des fluides et des gaz, c'est-à-dire les forces inhérentes aux molécules organisées et les forces psychologiques.

Toute molécule centrale, comme toute force centrale, est donc tour à tour, et incessamment, *une fois active* et *une fois passive*, et son mouvement est *une fois excentrique* et *une fois concentrique*.

2° Une *force-rayon*, force virtuelle ou en puissance de la force centrale, ou, ce qui est la même chose, une proportion déterminée de lumière *épidermique, dermique, physiologique* et *psychologique*, nécessaire à l'action régulière des gaz, des liquides et des tissus, éléments moléculaires dont l'ensemble constitue un système d'affinités spontanées complexes, au moyen duquel l'organisme crée et développe l'unité plastique de sa substance ; s'assimile les forces transmises, et détermine le mouvement selon les limites des membres dans l'allure. L'élaboration des formes psychologiques obéit à la même loi d'action et de réaction dans la sphère cérébrale et dans celle de l'instinct.

La force-rayon est dans un état *double* de celui du centre : dans le premier état, elle est *passive*, lorsqu'elle reçoit l'action du centre ; et elle est *active*, lorsqu'elle communique l'action à la circonférence ; dans le second état, elle est *passive* de la réaction de la circonférence, et *active* en renvoyant cette action au centre.

Ainsi, toute molécule-rayon, comme toute force-rayon, est tour à tour, et incessamment, *une fois passive* et *une fois active*, plus *une fois passive* et une *fois active* ou *deux fois passive* et *deux fois active*, et son mouvement est deux fois *concentrique* et deux fois *excentrique*.

3° Une *force-circonférence* ou surface passive, ou, ce qui est la même chose, une quantité proportionnelle de calorique *épidermique*, *dermique*, *physiologique* et *psychologique*, principe vital ou d'union entre la force centrale productrice du mouvement et la force rayonnante qui le dirige, maintenant ainsi l'unité de la sphère d'action organique et instinctive de l'animal, dans le mouvement et dans l'allure.

La force-surface est donc la moyenne entre le centre et le rayon ; elle est dans un état *triple* de celui du centre ; elle est passive de la double passiveté du rayon, ou *trois fois passive*, et elle est aussi *trois fois active*, lorsqu'en raison de sa passiveté elle réagit par le rayon sur son centre.

Ainsi, toute molécule-surface, comme toute force-surface, est tour à tour, et incessamment, *trois fois passive* et *trois fois active*, et son mouvement est *trois fois concentrique* et *trois fois excentrique*.

Telles sont les conditions de forces proportionnelles qui constituent l'état d'action et d'harmonie dans l'organisme, et l'état *d'équilibre hippo-cinésique* dans le mouvement.

Mais que, par une cause quelconque, *interne* ou *externe*, les proportions de forces : électricité, lumière et calorique, qu'impliquent les systèmes *épidermique*, *dermique*, *physiologique* et *psychologique*, soient changées, quelque peu seulement au delà ou en deçà de leurs conditions normales; alors il se produira un désordre proportionnel dans les affinités organiques et la composition des matières qui constituent l'économie; les mouvements locomoteurs des centres, des rayons et des surfaces seront altérés dans les mêmes rapports et d'une manière saisissable à nos moyens de conduite.

De là, l'inévitable résultat de la perturbation des forces dont l'harmonie constitue la loi première.

Il nous reste maintenant à examiner les divers effets de pression des *aides* agissant sur les appareils principaux de l'organisme et sur l'organisme tout entier. Mais comme ces éléments mécaniques sont corrélatifs entre eux, ainsi que leurs effets, et que tout s'y règle et s'y détermine par des rapports nécessaires et pour un but donné, il s'ensuit que l'ordre ou le désordre de ses effets, à un degré plus ou moins élevé, implique nécessairement une base spéciale qui doit régler et déterminer ces rapports dans l'état physiologique et psychologique de l'animal.

C'est ce que comportera notre sixième partie.

ND# SIXIÈME PARTIE.

CINÉSIE ÉQUESTRE.

PRINCIPES DE DRESSAGE DU CHEVAL DE SELLE.

CHAPITRE Ier.

DE LA BASE MÉTHODIQUE ET FONDAMENTALE DE L'ÉQUITATION RATIONNELLE.

ARTICLE Ier.

Considérations générales.

Les écuyers les plus éclairés ont, avec raison, aujourd'hui rejeté de l'art de l'équitation toutes les pratiques barbares ou purement mécaniques que l'ignorance ou le charlatanisme ont tenté d'introduire dans le dressage du cheval. Ils n'ont pas eu de peine à prouver combien les résultats en étaient désastreux pour l'organisation animale. Il faut bien convenir que, malheureusement, plus les moyens de domptage sont saisissants, plus ils plaisent au public, dont la faiblesse est d'être séduit par tout ce qui est au delà des moyens ordinaires, sans se rendre compte que ces moyens de domination ne peuvent que réduire l'animal.

Aussi, notre méthode, rationnelle dans ses principes, mais simple dans ses procédés, toute de patience et de tact, qui n'est pas faite pour impressionner, mais pour convaincre, risque-t-elle d'être trouvée insipide aux yeux d'un public ignorant auquel il faut toujours du merveilleux; surtout qu'elle condamne impitoyablement certains modes de dressage [1] encore admis de nos jours, tout aussi pernicieux, par les ravages qu'ils occasionnent dans l'organisme, que ces moyens de domptage dont on a fait justice.

Nous avouerons que cela nous toucherait peu, si nous pouvions rallier à nous les intelligences pratiques qui reconnaîtront, nous l'espérons, que nos recherches, dirigées par une méthode vraiment rationnelle, démontrent avec la dernière évidence que la nature physique et instinctive de l'animal est régie par des lois qui lui sont propres; qu'elle ne peut se soumettre aux forces compatibles avec son organisation sans se les associer, et qu'il faut, par conséquent, étudier avec soin les phénomènes qu'elle offre à l'observation.

« Cette composition (d'après l'illustre F. Bacon [2]) et cette structure si délicate et si variée de l'organisme, en font une sorte d'instrument de musique d'un travail difficile et exquis, et qui perd aisément son harmonie. Aussi, c'est avec beaucoup de raison que les poëtes réunissent dans Apollon l'art de la musique et celui de la médecine, attendu que le génie des deux arts est presque semblable, et que l'office du médecin consiste proprement à monter, à toucher la lyre du corps humain, de manière qu'elle ne rende que des sons doux et harmonieux. »

Ces idées ne sont-elles pas aussi applicables à l'art de l'écuyer qu'à celui du médecin? L'art de l'écuyer ne consiste-t-il pas à monter et à toucher la lyre de l'organisme animal, de manière qu'elle ne rende que des mouvements doux et harmonieux? Aussi, lorsque le cavalier sera pénétré, par l'étude de l'être vivant, de l'importance de son instrument, il prendra dès lors à cœur de toujours placer son cheval dans des conditions favorables d'équilibre; s'attachant, avant toute expression de mouvement, à harmoniser les facultés tactiles de l'animal, par des exercices sainement conçus et patiemment obtenus, de manière à en tirer constamment des mouvements harmonieux.

---

[1] Le caveçon, l'homme de bois, la martingale, etc.; les *attaques*, telles qu'elles sont interprétées généralement; enfin le *débourrage par casse-cou*, etc., etc.

[2] Remarque tirée de la *Cinésiologie*, p. 448.

C'est en effet par cette étude que la puissance des pressions tactiles et le lien méthodique de leur enchaînement peuvent s'établir, et que l'on arrive à se rendre compte du résultat à obtenir : c'est-à-dire à saisir le principe d'équilibre qui, déterminant la possession naturelle du centre de gravité, facilite le jeu des leviers par sa prédominance sur le système nerveux et l'action musculaire ; ce qui permet d'arriver au dernier terme de l'unité d'action des aides, qui consiste à marier à leur source la sensation, l'impression et l'expression.

La *nouvelle école*, il est vrai, a tenté d'introduire la position préparatoire, nécessaire, dit-elle avec raison, à toute bonne exécution, et d'obtenir, par le *rassembler*, la légèreté et l'équilibre, pour qu'il n'y ait plus alors qu'une seule liberté d'action, qu'une seule volonté dirigeante. Ce serait parfait si l'on entendait par là la libre expression d'action de l'animal, la seule volonté déterminante du cavalier.

Car, prétendre obtenir le *mouvement* uniquement par la puissance automatique du cavalier, même avec la parfaite connaissance des lois de la locomotion et du mécanisme des aides, est aussi impossible que vouloir obtenir le fait par une puissance exclusive ; et, ainsi que nous l'enseigne *M. Béclard :*

« Dès que l'art est dominé par la combinaison, il cherche l'être et devient de la science ; sitôt que la science est sous l'influence de la mise en pratique, elle cherche le mouvement et devient de l'art : l'un ne peut que par l'autre ; » faute d'avoir mesuré la part qui revient à chacun, l'équitation est restée longtemps stationnaire.

Du jour où, entre la science qui enseigne l'origine du mouvement et l'art qui le détermine, il existera une combinaison rationnelle : de ce jour le cavalier limitera sa sphère d'action à ce qui concerne l'impulsion. Il cherchera à établir, par l'organe du tact, les oppositions qui aboutiront à l'équilibre dans les impressions des sens, alors un grand progrès sera réalisé. De ce jour, les forces concentriques et excentriques formeront une alliance d'où naîtra, entre la volonté déterminante et la volonté exécutrice, le seul et véritable équilibre qui doive nous préoccuper.

Toute méthode rationnelle doit donc, comme nous l'avons fait entendre, avoir pour objet la direction des forces musculaires de l'animal par la domination des facultés instinctives ; domination réalisée de l'équilibre des sensations, par l'influence des aides sur l'organe du tact, dans des conditions exigées pour la plénitude de l'expression naturelle du mouvement de locomotion.

Le cavalier, une fois muni de connaissances suffisantes des éléments physiologiques et instinctifs du cheval, la méthode lui impose le devoir de réduire la base de sustentation le plus possible, comme point de départ, comme *situation dynamique* promotrice et indispensable à toute puissance des aides sur l'organisme sensitif.

Pénétré de l'objet de nos considérations, peut-être nous sommes-nous déjà trop répété, et nous répéterons-nous encore trop souvent. Mais, si le lecteur veut prêter quelque attention à l'importance de nos principes, il se rendra compte que le point de vue sous lequel nous considérons la conduite du cheval nous ramène à chaque instant à nos considérations antérieures et aux bases fondamentales du dressage qui en sont la conséquence.

L'animal est à la fois instinct et matière : de là, dans cet être double, doit s'opérer, dans le dressage, un double développement qui exige une double étude.

Il faut donc chercher à dominer la volonté et à diriger la machine : et cela, simultanément, sans que l'une souffre des impulsions faites à l'autre ; et par conséquent sans dévier du principe fondamental de la situation dynamique qui, seule, peut ramener l'équilibre entre les puissances motrices.

Que le mouvement acquis (situation dynamique) influe puissamment sur l'instinct et la volonté ; qu'à son tour la volonté réagisse sur l'organisme, c'est ce que personne ne mettra en doute ; et pourtant, si l'influence de l'unité nerveuse ou cérébrale n'est pas contestée, d'où vient que l'on agit comme si elle n'existait pas ? On reconnaîtra sans peine, aussi, que les mouvements progressifs du dressage raisonné développent sensiblement la mémoire, l'habitude et l'entendement tactile de l'animal ; que cet *entendement* augmente en raison des mouvements acquis (nous entendons les mouvements obtenus de la situation dynamique). On nous objectera, peut-être, que les préceptes actuels n'ont pas méconnu cet ascendant parce qu'on aura introduit, dans certains systèmes, des principes d'assouplissement et d'équilibre ; rien de plus vrai pour certaines mesures.

Mais il est facile de voir que ces principes, sans base déterminée, ne peuvent profiter qu'à des écuyers non-seulement instruits, mais encore rompus à l'exercice du dressage du cheval.

Pourquoi laisser subsister une pareille lacune sans essayer de la remplir? Une harmonisation entre les facultés physiques et instinctives de l'animal serait-elle considérée comme une utopie? Après nos considérations entendues et appréciées, nous ne le pensons pas. Aussi, le moment nous a-t-il paru favorable pour réaliser cette idée de progrès, puisque l'école actuelle est, en quelque sorte, préparée à recevoir la réforme que nous proposons.

Si les diverses écoles d'équitation, au lieu de se mépriser injustement les unes les autres, voulaient prêter une attention moins superficielle aux ouvrages et aux principes de leurs contradicteurs, non pour les critiquer, mais pour en profiter; peut-être, que de cet échange mutuel d'observations, naîtraient ce perfectionnement et cette simplification de l'art de l'équitation qu'on cherche vainement dans chaque école.

Nous n'avons pas d'autre but : c'est-à-dire concilier les méthodes en vigueur dans ce qu'elles ont de rationnel; perfectionner et simplifier le dressage, tout en le rendant facile et abordable à quiconque voudra s'astreindre rigoureusement à notre méthode d'enseignement; et sans renverser les principes établis, les épurer naturellement par la mise en pratique des situations pondératives, où ils se trouveront naturellement perfectionnés, et à la portée de tout cavalier qui a le goût de l'équitation et le désir d'acquérir les moyens de dresser lui-même son cheval.

Cet ouvrage a donc pour objet d'établir d'une façon déterminée le rôle *actif-passif* du cavalier et l'action *passive-active* de l'animal dans les mouvements de locomotion, et de distinguer en outre l'élément essentiel qui doit unir les deux organisations. Cet élément, presque toujours effacé et jusqu'à présent méconnu, doit acquérir une importance réelle qui n'échappera à aucun cavalier quand — la situation dynamique obtenue — il aura suffisamment considéré le travail des pressions tactiles, qui tantôt arrête, tantôt ralentit, tantôt accélère le mouvement; et cela, non-seulement dans l'état normal mécanique, mais encore dans les modifications d'équilibre que subit l'organisation instinctive.

8

ARTICLE II.

De la méthode.

Nous entendons par *méthode* la manière de faire progresser la puissance des aides dans la conduite du cheval ; et de trouver, dans cette même puissance des aides, l'unité d'action locomotrice qui convient le mieux au développement psycho-physiologique des facultés de l'animal.

Pour déterminer ce que l'on peut savoir des rapports à établir entre les effets du mouvement équestre et les conditions qui leur sont imposées par l'organisme du corps de l'animal auquel ils doivent s'unir et qu'ils sont appelés à faire mouvoir harmonieusement : non-seulement il faut connaître tous les actes quels qu'ils soient du mouvement impulsif et toutes les causes effectives qu'il comporte avec lui, mais ce sont surtout les effets des agents extérieurs de toute nature, même les moins apparents et ceux des causes intérieures de l'organisme les plus cachées qu'il faut apprécier ; car ce sont ces effets — le plus étroitement liés, par leurs conditions d'émanation et assimilation physiques et psychologiques, au fonctionnement de l'organisme — dont l'écuyer doit s'emparer en se les associant et en les assimilant à ses aides. C'est ce que nous nous sommes efforcé de démontrer dans la partie précédente, traitant de la *cinésiologie hippique*.

Enfin, après avoir prouvé que les organes du *mouvement physiologique* sont plus particulièrement le cerveau et les nerfs, ainsi que les muscles renfermant aussi des propriétés essentielles de vie ou de mouvement ; que la nature des fonctions locomotrices étant le *mouvement* qu'apprécient les sens et le tact en particulier, que celle des réactions instinctives est le *sentiment* ou le fait de l'entendement qui relève des dispositions intellectuelles et de la nature même du mouvement : le moment est venu de déterminer les conditions mécaniques de l'organisme animal les plus favorables à l'exercice du *mouvement équestre* pour assurer sa prééminence sur l'organe du tact.

Le *tact*, ce sens, dont on voit et touche les organes, dont on voit et touche les nerfs, dont on voit et touche les liens avec le cerveau ; ce sens, enfin, par excellence, d'où dérivent tous les autres, doit nous éclairer dans la recherche de la connaissance de la perception intérieure et par conséquent de la sensation à imprimer dans l'exercice des aides. Aussi, le mot tact désigne-t-il à la fois : et l'instinct qui sent dans le sens, et l'appareil sans lequel il n'y a pas de sensation; car c'est le tact qui crée le mouvement et le délimite.

Ainsi, après avoir étudié la nature de l'animal, après avoir observé, comparé, analysé les effets des agents du mouvement sur l'organisme, en remontant des effets physiologiques aux causes physiques et réciproquement, nous définirons ci-après les effets tactiles et les liens dynamiques qui unissent le cavalier au cheval par la solidarité et la connexion de ces effets entre eux et avec ceux des autres agents du *mouvement*. Nous en tirerons de suite les conséquences suivantes, à savoir : que, de ce qu'en principe tout ce qui est de même agrégation se cherche, s'attire et s'unit, la réunion des centres de gravité sous l'influence de leur état similaire d'attraction de forces se ferait, dès lors que l'harmonie des forces des deux organisations existerait en vertu de l'équilibre dynamique obtenu. Alors l'homme et le cheval ne feraient plus qu'un et se pénétreraient réciproquement de leurs impressions physiques et instinctives. Ce serait ainsi que l'écuyer, en dehors de toute idée de magnétisme, insinuerait ses forces d'autant plus pénétratives aux éléments dans lesquels il tendrait à les assimiler que sa force de volonté, alors toute-puissante, prévaudrait. Il serait donc possible d'admettre dans ces conditions une seule et même intelligence, celle de l'écuyer faisant mouvoir deux corps; car il y aurait désormais assimilation de sensation, de mouvement, et tous deux subiraient, au même instant, l'influence de chacun d'eux.

L'homme voudrait, en équitation, pouvoir s'affranchir de toute règle, de toute loi, de tout principe. Il voudrait suivre ses impulsions naturelles de domination, et, selon son bon plaisir, soumettre le cheval à tous ses caprices. Aussi se croit-il habile quand, par des moyens quelconques, il est arrivé non pas à dresser, mais à harasser l'animal; à le *forcer* en un mot. C'était là l'équitation naturelle, simple, primitive, sauvage; c'est encore aujourd'hui celle des maquignons, mais qui ne peut suffire à l'homme intelligent.

La méthode rationnelle est donc celle qui prend, pour point de départ, l'observation de l'animal dans son instinct et dans ses attributs locomoteurs, et qui, dans la théorie, applique le *sens intime des aides* au développement de ces facultés.

Par son examen psycho-physiologique, on se rend compte des rapports intimes des facultés entre elles. On voit qu'elles se touchent, se fondent et se modifient par le plus ou le moins de concentration des forces ; *que tous les phénomènes de la locomotion prennent leur source dans l'état présent des fonctions cérébrales et que tous les mouvements dont elle se compose ne sont que la résultante de la volonté instinctive de l'animal.*

L'étude de notre méthode réclame, il est vrai, plus qu'aucune autre, le concours de l'observation des phénomènes du mouvement et la recherche des causes qui peuvent le provoquer, ainsi que la connaissance des facultés de l'animal et la destination que ces facultés sont appelées à remplir. Mais, ces données une fois conçues et les bases d'opération une fois adoptées, les moyens de conduite se trouvent tout à coup simplifiés. Ces réformes écartent, en outre, un grand nombre d'idées fausses ; elles montrent nettement, au cavalier observateur, le véritable but auquel il doit tendre, et lui fournissent les éléments les plus simples sur lesquels il peut, avec certitude, établir l'accord et l'entente de ses aides.

Enfin, elles indiquent au professeur les bases les plus solides sur lesquelles il peut appuyer ses leçons ; car, en partant de l'influence du système nerveux sur l'organisme, en déterminant son action directe sur le mouvement, l'écuyer peut rendre, pour ainsi dire, palpables les principes qu'il enseigne. Il peut encore prouver, d'une manière évidente, l'importance de ne pas les transgresser et faire sentir au cavalier que les moindres actes de ses aides doivent être étroitement liés à la mémoire de l'animal ; et que la force de l'habitude devient, pour lui, un besoin non moins impérieux que l'instinct de conservation qui domine sa volonté.

Notre théorie repose donc sur le double travail *objectif* et *subjectif* ; distincts dans leurs vues, quoique unis et solidaires dans leurs rapports. Tous les efforts de l'étude *objective* doivent se porter, tout d'abord, sur l'état présent de l'équilibre des sensations et des facultés organiques de l'animal, pour être à même de saisir la valeur de la réaction réciproque de l'organisme et du cerveau, provoquée par l'impulsion motrice ; c'est-à-dire, ainsi que nous le disons dans la conclusion de notre première partie, donner un soin tout particulier aux facultés physiques et psychologiques, en envisageant, dans toute leur profondeur, les sensations diverses, pour en apprécier la valeur relative et l'équilibration dynamique intérieure, afin d'arriver à diriger les forces organiques vers cet état d'harmonie, où l'ensemble des mouvements présente les meilleures conditions dynamiques, où le corps contient, pour ainsi dire, la plus grande somme de force virtuelle [1].

D'un autre côté, la méthode *subjective* renferme l'obligation — indépendamment du strict maintien de la situation dynamique et de la combinaison des effets croisés des aides, propre au mouvement à exécuter — d'opposer toute pression tactile, ou *force extérieure* excentrique et concentrique, autrement dit *active-passive*, à une *force-rayon* intérieure concentrique et excentrique ou *passive-active* : ce qui conduit à la concentration de ces forces et à leur alliance avec la *force centrale* passivo-active et activo-passive. Cette force, partie dominante dans un tout, centralise, apprécie, coordonne, expédie : c'est le foyer commun *passif-actif*, incessamment *concentrique* et *excentrique*, d'où émane toute projection motrice [2].

De cette concentration de forces résultera, par l'enchaînement de ces *mouvements cinésiques*, les rapports corrélatifs entre les deux centres de gravité, d'où naîtra l'entendement tactile de l'animal ; et, conséquemment, de la parfaite précision dans les pressions tactiles du cavalier, surgira la libre expression du mouvement du cheval.

Voilà la base de toute harmonie, de toute unité d'action dans les sphères dynamiques de la *cinésie équestre*.

Cet aperçu suffit à faire comprendre que l'opération fondamentale de la méthode consiste à provoquer le *mouvvment* de l'équilibre des sensations ; que l'effet des pressions tactiles doit se rapporter, d'une manière rigoureuse et absolue dans leur action *excentrique-concentrique* et *concentrique-excentrique*, aux principes d'observation énoncés plus haut ; et qu'il n'est aucun mouvement des diverses allures qui ne puisse dériver de ces principes, et, par conséquent, maintenir l'unité d'action entre les deux organisations.

---

[1] Voir : Sensations du *tact*, page 100.
[2] Pour l'intelligence de la propagation du mouvement auxiliaire, voir page 97 et suivantes.

CHAPITRE II.

DES AGENTS.

ARTICLE Ier.

Des quatre ordres d'agents extérieurs [1].

« Et d'abord nommons *agents* les causes qui peuvent modifier les proportions normales des forces inhérentes à l'organisme soit à l'*intérieur*, soit à l'*extérieur*.

Voici l'ordre de classification de ces agents :

Des agents intérieurs. — Ces agents sont toutes les forces inhérentes à la substance organisée, ou toutes celles qui résultent de cette substance passée à l'état de désorganisation.

Ces agents sont les diverses espèces d'électricité, de lumière et de calorique qui tendent, chacun dans sa propre spontanéité, à altérer les conditions d'existence de l'économie animale, et contre lesquels les forces épidermiques, dermiques, physiologiques et psychologiques, unies fortement entre elles, tendent aussi dans leur propre spontanéité, à résister pour conserver les conditions de son existence.

De là le sentiment de la faim, de la soif, les désirs, etc.

Des agents extérieurs. — Ces agents sont infiniment nombreux : on peut les résumer en agents physiques, physico-mécaniques, physico-chimiques et physico-instinctifs.

Agents physiques. — Ce premier ordre comprend les trois forces élémentaires, électricité, lumière et calorique d'espèce inorganique. — Ces agents sont en rapport par le système *épidermique* avec le système *dermique* et tous les systèmes de l'organisme.

Le mode d'action de chacun de ces agents se résume en une *pression* correspondante à la nature des vibrations de chacun d'eux.

---

[1] D'après M. DAILLY, *Cinésie*, p. 799.

Agents chimiques. — Ce deuxième ordre comprend les phénomènes atmosphériques, les gaz, les vapeurs, les odeurs, les saveurs, les influences du sol, du lieu choisi pour le travail, de la saison, du jour, de la nuit, de l'heure, etc.

Leur mode d'action se résume aussi à une *pression* correspondante à la nature des vibrations de chacun d'eux.

Agents mécaniques. — Ce troisième ordre comprend le choc, la pression, la vibration résultant de la pesanteur, d'un poids, d'un instrument; des effets des *aides:* de la main, des jambes, d'un mécanisme organique ou inorganique quelconque.

Leur mode d'action est toujours une *pression* correspondante à la nature des vibrations de chacun d'eux.

Agents instinctifs. — Ce quatrième ordre d'agents comprend tous les agents qui intéressent l'*instinct* ou la *volonté* et le sentiment de conservation. Ces agents opèrent sur *le sentiment* qu'a l'animal de sa force, ils vibrent en lui, en son instinct, la force de sa valeur individuelle. Toutes ces choses vibrent comme la main qui vibre les vibrations d'un trait.

Le mode d'action de ces agents se réduit toujours à une *pression* correspondante à la nature des vibrations de chacun d'eux.

Or, comme tous les agents extérieurs sont dans une activité incessante, l'animal en reçoit incessamment aussi la pression complexe, multiple et variée; il en est incessamment *passif*, passiveté sans laquelle l'unité vivante serait nécessairement détruite, car elle n'aurait point à réagir.

Mais lorsque l'une quelconque de ces pressions est en excès, en plus ou en moins, les vibrations ou mouvements qui en résultent dans l'économie ne sont pas proportionnels ou assimilables à ses vibrations ou mouvements normaux; de là viennent des troubles dans l'organisme, et la réaction est impossible ou incomplète. Telle est la première source des altérations fonctionnelles et des lésions organiques; car les sphères d'action de l'organisme sont tellement unies entre elles que la moindre cause perturbatrice ne saurait affecter l'une sans réagir sur les autres.

Mais, dit encore *M. Dally*, si la pression extérieure est en rapport avec les conditions normales de l'économie, l'assimilation de cette pression a lieu selon la double série des vibrations ou mouvements concentriques et excentriques; excentriques et concentriques de la surface au centre et du centre à la surface, dans un exact rapport avec les lois biologiques. Alors aussi, en vertu même de ces mouvements naturels, les phénomènes de la nutrition se sont accomplis dans le rhythme normal et harmonieux, et l'organisme, en vertu même de la solidaire spontanéité de ses forces, se conserve, se répare lui-même et continue à se développer dans son équilibre, sa puissance et son action.

Tel est, en résumé, l'ensemble des influences intérieures et extérieures, au point de vue des lois biologiques qui se rapportent exactement à celles psycho-physiologiques de la cinésie équestre. De là, conclut *M. Dally*, pour l'animal, sous la direction de l'instinct, et pour l'homme sous la direction de la volonté, l'importance de maintenir l'état de la peau dans des conditions normales. Quand le système épidermique fonctionne régulièrement, l'organisme répare incessamment ses pertes incessantes; et c'est là ce que l'on a appelé la force médiatrice de la nature qui nous paraît être spécialement celle des surfaces-caloriques. »

Maintenant, si nous considérons les forces de l'organisme en rapport avec les effets des agents auxiliaires, nous voyons qu'elles oscillent entre certaines limites, et que telles *pressions tactiles* qui n'amènent point de trouble dans l'organisme d'un animal peuvent en déterminer dans celui d'un autre, si l'énergie habituelle de ses actions mécaniques et de sa conformation est trop, ou n'est pas assez puissante pour réagir; il faut donc que les forces auxiliaires soient sagement limitées dans leur mode d'action.

C'est ici que doit commencer l'étude des aides.

Examinons donc la question de près.

ARTICLE II.

Des agents mécaniques auxiliaires du mouvement.

Le cheval, par sa conformation physique, se prête facilement à la domination de l'homme; et, par son organisation mobile et souple et la perfectibilité de l'organe du tact, cède aisément aux influences des *aides* qui sont les agents mécaniques auxiliaires de la locomotion.

Nous nous proposons d'exposer, dans cette partie de notre ouvrage, la puissance d'ensemble des aides du cavalier et l'action propre à chacune d'elles, soit comme promotrice ou modératrice du mouvement; soit qu'elles constituent, par leurs effets d'ensemble, l'équilibre des sensations et qu'elles assurent, de la sorte, la formation et le maintien de la situation dynamique.

Quand nous aurons indiqué les conditions de *tact* et de coordination d'après lesquelles les *aides* doivent opérer la concentration des forces organiques, nous tâcherons de définir l'action excentrique-concentrique qu'elles doivent apporter dans le fonctionnement de leurs pressions tactiles.

L'influence des aides sur la volonté de l'animal, par l'intermédiaire du tact, est si peu définie et cependant si importante; les conditions d'accord de leurs effets sont tellement contradictoires dans les différents systèmes d'équitation, que ces lacunes, ces antithèses ont conduit les écoles du passé et du présent à dénaturer l'action des aides, pour leur avoir accordé une puissance directement impulsive sur la machine animale, au lieu de leur avoir laissé leur rôle auxiliaire naturel de la mécanique.

Sans doute, dans les mouvement du corps organisé, dit *M. Dally*[1], il y a de la mécanique, de la statique et de la dynamique, etc., et ces mouvements y sont soumis aux lois de ces phénomènes; mais, si l'on veut appliquer le calcul à l'appréciation des forces mises en jeu dans l'économie animale, on n'obtient que des résultats fictifs ou tout au moins approximatifs déduits, le plus souvent, de phénomènes hypothétiques.

Pourquoi?

C'est qu'il y a quelque chose de plus dans le mouvement des corps organisés; et ce quelque chose, c'est la vie et ses mystères.

On peut très-bien, dans de certaines conditions données, déterminer, anatomiquement et physiologiquement, le point de départ, la direction, les angles, la vitesse, le temps, le rhythme, l'étendue

---

[1] *Cinésiologie*, p. 459.

et la forme du mouvement, sa force et ses effets, — Dieu merci, c'est assez, pourvu que l'on sache s'en servir; — mais, calculer tous les éléments du mouvement de locomotion avec une précision mathématique, cela est impossible. »

Par conséquent, de ce qu'il est impossible, d'après la science, de calculer les forces motrices de l'animal qui marche, qui court, qui saute; parce que chaque mouvement intime de la vie fait varier l'énergie de ces forces qui, en équitation, se modèrent ou s'accroissent en raison des oppositions des aides, qui favorisent ou entravent cette énergie; de ce que cette précision, dit encore M. *Dally*, est tout à fait impossible, relativement à l'appréciation des forces réparties dans chacune des fonctions intérieures de l'économie :

Il faut donc, en équitation surtout, délaisser ces prétentions d'évaluation et de répartition de forces et de poids, dont l'application ne peut que nuire à l'action du cheval; et se borner à disposer les forces musculaires dans des conditions d'équilibre favorables aux divers modes de locomotion, par une appropriation mesurée des forces impulsives assignables aux forces motrices et au maintien de la position instable des membres. Les aides devant, toujours, se renfermer dans leur rôle d'agents auxiliaires du mouvement, laissent à l'instinct de l'animal le soin de répartir les forces transmises au profit de sa locomotion. — Ce que fait naturellement, du reste, le cheval attelé, guidé par sa seule conservation, en s'adjoignant les forces impulsives du véhicule qu'il traîne.

Des aides. — Les agents mécaniques de la cinésie équestre sont : la *main*, les *jambes*, les *éperons* et l'*assiette* du cavalier *fixée à propos*. Nous les appelons auxiliaires parce que, selon nous, leur rôle consiste, par leur solidarité, leur lien, leur alliance d'action, à préparer, à insinuer le mouvement, et non pas à en forcer l'exécution.

La solidarité de ces principes doit être, en outre, en corrélation nécessaire avec l'unité des centres de gravité de l'homme et de sa monture.

Nous entendons donc par *aides* les moyens des sphères d'action des mains et des jambes, secondées par les éperons et l'assiette du cavalier; leur unité d'action, dans leurs effets d'opposition croisés, constitue l'*appareil naturel extérieur hippo-cinésique*.

Disons, tout d'abord, que l'idéal de l'unité d'action des aides au plus haut degré de tact consiste à provoquer la réduction de la base de sustentation et à obtenir le *mouvement* de l'équilibre des sensations avec le moins d'impulsion apparente possible; de telle sorte que l'action musculaire soit libre et non forcée par les aides, tout en restant l'expression de la volonté du cavalier.

Les aides ne sont donc que les agents mécaniques auxiliaires du *mouvement hippique*, ce qui n'exclut pas, cependant, leurs rôles importants dans le mécanisme, ni leurs propriétés physiologiques, ainsi qu'on en jugera par les articles suivants.

Jusqu'à ce point de nos études, nous avons cherché à déterminer et à classer les nombreux phénomènes qui s'opèrent dans le *mouvement*, ainsi que les actes qu'ils provoquent dans l'organisme. L'analyse de chaque système organique nous a fait connaître leur rôle particulier: or, l'agent mécanique auxiliaire le plus propre à nous donner le *sentiment* de l'ensemble admirable qui coordonne ces systèmes entre eux, dans la locomotion, et la merveilleuse harmonie qui réside dans leurs fonctions et leurs propriétés motrices : c'est la main.

ARTICLE III.

La main (*Des propriétés physiologiques de*).

Qu'est-ce que la main ?
Voici la définition qu'en donnent les auteurs [1] :

« *Main*. — Partie du corps humain qui termine le bras et qui sert à la préhension des corps et au toucher. — La main se compose du carpe ou poignet, du métacarpe et des doigts. . . . .

Placée à l'extrémité du membre supérieur, long levier mobile qui la porte à la rencontre des divers corps, la main, formée d'un grand nombre de petites pièces osseuses et terminée par cinq appendices flexibles, se moule à la surface des objets, en embrasse les contours, et présente, dans son organisation, toutes les circonstances favorables à l'exercice du toucher. »

---

[1] D'après M. Dally : *Cinésiologie*, p. 669.

« La main, dit *M. Béclard*, est un organe de toucher par excellence. Lorsqu'on saisit, avec chaque main, un corps différent, ces deux corps ne confondent point leur impression en une impression unique, mais ils sont perçus chacun en particulier. »

« Voilà une observation bien simple, dit *M. Dally*, mais très-remarquable. Il en résulte, en effet, que la main droite et la main gauche, identiques quant à leurs propriétés génériques, sont semblables ou différentes quant à leurs propriétés spécifiques. Et cette identité et cette différence se retrouvent dans tout le côté droit et, corrélativement, dans tout le côté gauche du corps. Donc il existe entre eux, des influences organiques différentes. Donc, une pression faite avec la main droite aura un effet différent de celle qui serait faite avec la main gauche. Chacun peut s'assurer de ce fait : posez la main droite sur l'épaule gauche d'une autre personne, et, en même temps, la main gauche sur son épaule droite, cette personne ressent un double bien-être; échangez les mains, la double sensation est distinctement sans effet ou désagréable.

D'où vient cela ?

Evidemment, cela vient de la différence des propriétés spécifiques des deux mains, et corrélativement des deux côtés. Il ne peut y avoir qu'un rapport d'identité par le genre, mais il y a nécessairement un rapport de différence dans la spécificité de leur opposition réciproque. Cela tiendrait à la différence spécifique d'électricité, de lumière et de calorique animal dont seraient, naturellement, chargées les molécules organisées des deux mains et des deux côtés, dans chaque groupe de sphères d'actions symétriques qui les composent. Si donc un objet touche la main droite sur quelques-unes des parties de cette main, il ne sera point touché de la même manière par les mêmes parties de la main gauche; il devra donc produire une sensation différente. »

Ce fait est, pour nous, d'une certaine importance, puisqu'il nous expliquerait la puissance particulière de chaque main dans la conduite du cheval, et les sensations différentes qu'elles imprimeraient à l'animal dans les *effets croisés*.

« C'est par le toucher, seul, que nous pouvons acquérir des connaissances complètes et réelles; c'est ce sens qui rectifie tous les autres sens dont les effets ne seraient que des illusions et ne produiraient que des erreurs dans notre esprit, si le toucher ne nous apprenait à juger[1]. »

« La main de l'homme, dit *M. Dally*, exécute sur la matière organisée ou inorganisée, tous les mouvements déterminateurs ou créateurs de forme, dans une exacte proportion avec ceux de l'esprit qui les engendre intellectuellement, et cela dans une parfaite unité avec celle de l'âme qui les engendre moralement. La main est donc l'artiste dont l'esprit est le géomètre, et l'âme, le génie. . . . . . »

« Aussi, dans nos jugements, nous rapportons tout, dit *M. Béclard*, à la sensibilité de la main, au toucher, qui devient ainsi la mesure la plus juste, l'arbitre le plus libre.. . . . . »

« Il y a plus, dit *M. Dally*.

Chaque doigt représentant aussi, à lui seul, une sphère d'action dont l'axe est le centre, les muscles le rayon, et la peau la circonférence, il s'ensuit, nécessairement, qu'en traçant ces quatre orbites concentriques spéciaux, la surface circulaire du bout de chaque doigt décrit, en même temps, selon le mouvement de chacun de ces orbites, une sphère d'action subordonnée qui se meut sur elle-même. — Sphère dont le centre est représenté par un atome chargé de un d'électricité, le rayon par un atome de deux de lumière et, à la surface, par un atome chargé de trois de calorique. . . . .
. . . .

Il faudrait encore tenir compte, dans cette complication de sphères d'action, de celle du carpe, du métacarpe et des doigts qui s'en détachent, chacun, en trois articulations, leviers ou sphères d'actions mobiles, variées de structure et de grandeur et unies chacune par leur axe commun. L'ongle, même, est un plan d'appui pour l'exactitude de la pression sur les objets explorés. Enfin, et comme dernière remarque, la main fermée présente le plus haut degré de force qui lui soit propre, car, la résultante de toutes les actions produites par toutes les parties de la main passe par sa paume. — Rien n'est à négliger, toute chose doit avoir sa part d'action dans la production des phénomènes physiques et des phénomènes chimiques que nous venons de déduire *à priori* du principe mathématique de la force primordiale.

---

[1] D'après M. DALLY ; *Histoire naturelle de l'homme.*

La main gauche donnerait aussi des phénomènes semblables à ceux de la main droite, mais, comme cette main, dans une disposition symétriquement opposée.. . . . .
. . . .

Mais, c'est par l'action nerveuse qu'ils se produisent ces phénomènes; il y a donc, dans la main, des nerfs spéciaux chargés de ces manifestations spéciales dans l'unité d'action de l'individu. . . . »

Pour ne pas nous étendre au delà de notre cadre, nous laisserons de côté, si intéressant qu'il soit, l'ensemble des études sur les renflements nerveux, organes du *toucher*, bien distincts des *papilles nerveuses*, organes du *tact*; et, pour les mêmes motifs, nous négligerons aussi l'examen de ces dernières, si instructif qu'il puisse être, au point de vue des dernières découvertes qui ont été faites à leur sujet. Les documents que nous venons de produire, d'après M. *Dally*, suffisent pour servir de base à notre théorie qui considère la *main* comme un *appareil d'électricité, de lumière et de calorique d'espèce hippo-cinésique*.

ARTICLE IV.

Les aides inférieures (les jambes).

Nous retrouvons dans les aides inférieures, d'après les déductions que nous tirons des dires de M. *Dally*, les mêmes éléments hippocinésiques de la main; à un degré moins perfectionné, mais comportant la même projection de toute sphère d'action, correspondant à la nature des vibrations de chacune d'elles : dans les cuisses celle représentative de toute force concentrique et excentrique, et, principalement dans les mollets, celle de la sphère d'activité de ces mêmes forces : *électricité, lumière et calorique*, par laquelle nous avons représenté les trois forces primordiales qui ont servi de base à toutes les observations que nous avons faites jusqu'ici; lesquelles nous autorisent à tirer la conclusion suivante : afin d'élever, s'il est possible — suivant l'expression de M. *Dally* — ce fait nouveau au plus haut degré de certitude et de précision.

ARTICLE V.
De l'appareil extérieur hippo-cinésique.

Si la puissance de l'homme, d'après *M. Dally*, est représentée par une fonction de sa triple force épidermique, de sa triple force physiologique et de sa triple force psychique ; c'est-à-dire, par une fonction où ces quatre forces ont leurs plus hauts exposants ; si l'équation de ces quatre forces est bien ce que nous appelons *cinésitechnisme*, les aides concentrant en elles, par leur spécificité d'énergie, de toucher et de tact ; ou, ce qui est la même chose, d'électricité, de lumière et de calorique, à leur plus haute puissance sur l'organisme animal ; elles en sont donc *l'appareil naturel extérieur* le plus puissant, et jamais aucun *appareil inorganique*, quelque perfectionné qu'il puisse être, ne peut les remplacer en tant qu'instruments d'art dirigés par la science ; c'est-à-dire par l'intelligence de l'esprit, principe de la vie organique, et par celle de l'âme, principe de la vie psychique.

C'est à ces titres, si bien exprimés par *M. Dally*, que nous considérons les *aides* comme *l'appareil naturel spécial* : 1° de la force productive de la réduction de la base de sustentation et conséquemment de la situation dynamique ; 2° de la force productive d'équilibre dans les sensations par la pondération des forces musculaires d'où dérive l'unité d'action des deux organisations et, par conséquent, comme *l'appareil promoteur naturel spécial* : 1° de la légèreté de la machine animale et du mode d'action de ses agents moteurs ; 2° du genre de mouvement et d'allure, etc. ; 3° enfin de l'individualité de ces mêmes mouvements, c'est-à-dire de leur classification et des applications que l'on peut en tirer pour la haute-école. Nous allons maintenant définir le rôle des agents naturels extérieurs de la locomotion et la puissance d'action qu'ils peuvent acquérir par la science de coordination dans leurs effets tactiles croisés.

ARTICLE VII.
Conclusion de ce chapitre.

Des propriétés des agents mécaniques auxiliaires hippo-cinésiques. — La science tactile des aides, à sa plus haute portée, consiste à décider l'action motrice avec le moins d'impulsion apparente des aides, lesquelles doivent toujours diriger et tenir en accord l'ensemble des fonctions locomotrices et communiquer aux organes dont elles disposent leur force équilibrante leur donnant ainsi la faculté de percevoir les impressions transmises, de réagir sur elles et d'associer ces impulsions à leurs forces motrices. Ces impulsions des agents auxiliaires de la locomotion résident, en principe, dans des pressions tactiles d'*ensemble* croisées, ayant pour effet de réduire la base de sustentation le plus possible; de déterminer ainsi la concentration et la pondération des forces de la machine vivante et d'établir de la sorte le lien intime qui unit naturellement alors les centres de gravité de l'homme et du cheval. Telles sont les premières conséquences de l'art de coordonner les effets des aides, d'où dérivent la légèreté de l'appareil locomoteur, dépendante de cette concentration, et la facilité pour le cavalier d'assurer l'équilibre entre les sensations instinctives et les sensations transmises.

Mais cette légèreté, cet équilibre et leurs conséquences, ne peuvent subsister dans les évolutions des diverses allures, qu'en maintenant cette pondération des forces et en recourant incessamment à la mémoire, à l'habitude, par le retour de ces pressions tactiles d'ensemble des aides, à l'effet de dominer constamment les sensations du cheval; pressions croisées auxquelles l'animal a dû être habitué à livrer son entière volonté. Dès lors, le savoir impulsif du cavalier consiste à assurer, par l'unité d'action des deux organisations, — l'une impulsive, l'autre motrice, — la libre expression du mouvement de locomotion; tout en conservant la puissance de concentration qu'il doit utiliser alors à amoindrir les frottements, les chocs et les distensions dans les articulations locomotrices.

D'un autre côté les propriétés passives des aides doivent avoir pour objet et pour but de découvrir dans leur *sentiment*: 1º les lois physiologiques qui président dans les mouvements de l'organisme;

2º Les lois dynamiques qui régissent les rapports des forces entre elles;

3º Les lois du développement psychologique progressif de l'entendement dans le mouvement;

4º Les lois d'équilibre et de coordination des divers mouvements d'ensemble, au maintien de l'unification harmonique entre les forces impulsives et les forces motrices; d'après la loi de l'accord et de l'antagonisme des forces hippo-cinésiques.

Enfin, de percevoir, d'après un célèbre physiologiste, *le fait de la volonté de l'animal qui a commandé l'acte, par le trajet nerveux, partant du cerveau et aboutissant aux muscles qui font mouvoir la machine vivante; et le fait de l'instinct, qui a senti l'exécution de l'acte au moyen de l'ébranlement nerveux au retour, que l'effort musculaire exercé a rapporté au cerveau par le même trajet nerveux.*

Chacune des forces impulsives des aides doit entrer, simultanément et sans conflit, en opposition d'action réciproque par effet croisé, à l'effet d'équilibrer les sensations qu'elles produisent. Elles se subordonneront alors naturellement et leur unité d'action aura pour résultante l'équilibre des forces musculaires également subordonnées les unes aux autres. Quant à la réalisation de la légèreté, elle sera plus ou moins complète, selon la nature physique de l'animal et la puissance équilibrante des aides du cavalier.

Car, il faut bien se pénétrer que tout se prête dans l'organisme animal, pour lui faire prendre des positions qui peuvent faciliter les divers mouvements et le développement des allures; et que sa volonté est toujours prête à céder à tout ce qui lui est demandé par les aides, si celles-ci ne froissent pas les lois de la locomotion qu'impose l'organisation physique, ni les puissances naturelles de l'instinct de conservation.

Or, puisque nous savons que l'expression de la volonté de l'animal dépend des sensations qu'il reçoit des agents extérieurs, les changements qui s'opèrent dans le mouvement, par les impressions des sens, peuvent donc être modifiés par les pressions des aides sur l'organe du tact qui prédomine tous les autres. Dans toute circonstance ce sera, par conséquent, du concours des forces excentriques et concentriques des aides au maintien de la situation dynamique que résultera l'effet désiré. Ce principe, qu'il suffit d'énoncer pour le rendre saisissable, n'admet aucune exception : car l'animal, dans cet état d'équilibre, obéit passivement aux impulsions successives qui le font agir, et se complaît dans l'unité d'action de son mouvement.

Aussi, faut-il non-seulement envisager sa monture à un point de vue général qui l'embrasse dans l'ensemble de ses facultés et de ses actes ; mais il faut encore l'étudier dans chaque mouvement et à chaque allure, pour saisir les rapports de locomotion et d'équilibre qui existent entre elles, et pour apprécier et dominer ainsi la sensation et l'expression simultanées qui surgissent à chaque changement de mouvement ou d'allure. — Il est nécessaire, par conséquent, de fixer l'attention sur les réactions suscitées par chaque impulsion dans les différents genres de locomotion, de manière à pouvoir toujours équilibrer les sensations au profit de la légèreté dans le *mouvement*.

En résumé, plus la combinaison des aides sera simple dans son principe provocateur, plus elle offrira d'entendement à l'élément exécutif. Mais il faut, dans les mouvements excentriques et concentriques des deux organisations, qu'il y ait un échange continuel de production normale d'électricité, de lumière et de calorique allant de la circonférence au centre organique animal et du centre à la circonférence. — C'est à ce moment de réaction, où le foyer central distribue instantanément les forces nécessaires au mouvement à produire, que les aides, dans leur passiveté concentrique, perçoivent l'état de l'équilibre ; puis, par de nouvelles pressions coordonnées en raison de cette réaction, elles transmettent de nouvelles impressions, de manière à frapper la mémoire, l'habitude, et à déterminer ainsi le mouvement désiré.

Sans cet échange incessant d'effets excentriques et concentriques des deux sphères d'actions, la sensibilité s'émousse ou s'égare, le centre de gravité baisse, la légèreté diminue, les rapports cessent, le lien intime disparaît, et l'équilibre des sensations reste imparfait ; enfin la direction devient despotique et étouffe la liberté d'action et l'expression normale du mouvement.

Il faut donc replacer les impulsions ou pressions tactiles excentriques-concentriques des aides sur des bases rationnelles, fondamentales (ou sans elles, tout est tâtonnement, hasard, désordre), afin d'écarter l'état anormal du mécanisme des aides, et pour atteindre le double but du perfectionnement des facultés de l'entendement et du libre développement de l'organisme animal dans le mouvement. — C'est donc de la situation dynamique que ressortira la réalisation des accords nécessaires des aides pour chaque mouvement de locomotion, et que, par une combinaison soutenue et mesurée de pressions tactiles, se maintiendra l'équilibre et l'harmonie dans l'allure.

Mais, avant d'aborder cet important chapitre de la situation dynamique, où nous ne ferons en somme que nous répéter, nous allons exposer, selon nos principes, les règles importantes de la théorie des aides.

CHAPITRE III

DE LA THÉORIE DES AIDES, AGENTS MÉCANIQUES AUXILIAIRES DU MOUVEMENT.

ARTICLE Ier.

Introduction.

Pour satisfaire aujourd'hui le public, il faudrait, nous l'avouons, résumer dans une page tous les principes d'équitation, toutes les considérations nécesssaires à la conduite du cheval, et résoudre, en outre, la question de solidité sans exercice préalable, s'il était possible. — Mais, comment concilier cette insouciance actuelle de l'art, avec les exigences du savoir ? car, en admettant que, par une gymnastique équestre suffisante (qu'il ne faut pas confondre avec la conduite du cheval, d'après l'art de l'équitation), le cavalier ait acquis l'assiette désirable à ses moyens de conduite, il lui faut encore qu'il acquière une sorte d'entendement, une délicatesse de *tact* assez développée pour observer, dans l'application des aides, la mesure de leurs effets, et apprécier le degré de sensibilité et de mobilité de l'animal qu'il monte, pour envisager, en un mot, tout ce qui a fait l'objet de nos nombreuses considérations. — Les préceptes de la théorie sont donc peu de chose, si l'on n'a pas le *sentiment* des rapports hippo-cinésiques : — quand on ne peut être peintre, il faut rester badigeonneur. — Mais, passons, et arrêtons-nous un moment sur les effets primordiaux des aides.

ARTICLE II.

De la Main (*Des effets cinésiques*).

Les effets tactiles de la main doivent être *précis, bien déterminé et sans mouvements apparents* (théorie préconisée depuis longtemps, mais bien peu suivie).

La main, dit-on encore avec raison, a pour fonction principale de maintenir la mobilisation de la mâchoire, d'améliorer la forme et la position de l'encolure, ce qui facilite le jeu des épaules, et partant de toute la mécanique animale.

De concert avec les jambes, la main ralentit l'allure et détermine l'arrêt; en un mot, s'accorde-t-on à dire, elle gouverne les actions du cheval, et, puissamment secondée par les jambes, elle prépare la machine à l'action désirée. Légère, dans les mouvements où le cheval est ramené (goûte son frein), transmettant alors sa volonté sans effort, elle doit opposer une force d'inertie relative quand la machine se détraque, jusqu'à ce que la puissance des jambes ait ramené la situation instable et la répartition des forces, où elle reprend alors sa légèreté. — La main légère! la main légère! répète-t-on sans cesse dans l'enseignement. On peut répéter encore ce commandement pendant des milliers d'années sans en obtenir le résultat, s'il n'entraîne, après lui, les prescriptions énoncées plus haut. Ce précepte, qui paraît être, au premier abord, la chose la plus simple à pratiquer, est le problème le plus difficile, le plus compliqué qui soit donné au cavalier à résoudre; car il comporte avec lui la parfaite appréciation des effets des aides et la connaissance des facultés du cheval; c'est-à-dire l'art d'équilibrer les sensations collectives par l'assimilation de tous leurs rapports.

L'action tactile excentrique ou concentrique des effets de main de bride, à préciser pour le mouvement, *réside dans les deux derniers doigts de la main* dont la fixité qui doit rendre invisibles les transmissions de forces, n'en exclut pas cependant le maintien gracieux et la *souplesse*, qualité indispensable pour déterminer sûrement ses effets [1].

---

[1] Ce que nous disons du tact qui doit présider dans les effets de la main de bride, s'applique également à celle qui tient le filet.

Enfin, la main devient *intime* et *savante* (suivant l'expression de la nouvelle école), dans ses actes d'agent mécanique auxiliaire, quand elle interprète le fait de la volonté de l'animal qui a commandé l'acte, par le trajet nerveux, partant du cerveau et aboutissant aux muscles qui font mouvoir la machine vivante; et, le fait de l'instinct, qui a senti l'exécution de l'acte au moyen de l'ébranlement nerveux au retour, que l'effort musculaire exercé a reporté au cerveau par le même trajet nerveux.

Entre ces deux phénomènes, l'espace de temps de la vibration concentrique-excentrique des nerfs chargée d'électricité, de lumière et de calorique, est inappréciable; le contact existe, pour ainsi dire, au cerveau lui-même par le trajet nerveux qui les joint.

ARTICLE III.
Des Jambes (*De l'impulsion cinésique*).

Les excitations tactiles des jambes, secondées par la main, ont pour objet principal : 1° de réduire la base de sustentation le plus possible; 2° de maintenir la situation dynamique à son plus haut degré d'équilibre; 3° de préciser le mouvement avec le secours de la rêne déterminante; 4° de seconder, par l'unité de leurs actions communes excentriques, la mobilisation de l'arrière-main dans le mouvement préposé à l'allure; 5° enfin, par leur puissance passive concentrique, percevoir l'état de l'équilibre et le fait de la volonté du cheval qui a commandé l'acte, par le trajet nerveux, partant du cerveau et aboutissant aux muscles qui font mouvoir la machine, et le fait de l'entendement tactile de l'animal qui a perçu l'exécution de l'acte au moyen de la réaction nerveuse au retour, que l'action musculaire exercée a reportée au cerveau par le même trajet nerveux. Puis, par de nouvelles impulsions excentriques-concentriques, transmettre au centre organique, pour y être incessamment vivifiées et transformées, de nouvelles sensations tactiles propres à la continuation harmonieuse du mouvement et de l'allure.

Pendant le travail, les jambes *doivent toujours être adhérentes aux flancs du cheval*, qu'elles actionnent, en raison de la sensation à produire.

Pour imprimer plus de vigueur excentrique, les jambes doivent augmenter progressivement leur action en se *glissant* au delà des sangles. Il est à remarquer que l'action concentrique des jambes n'est qu'une force passive, qui reçoit la réaction excentrique de l'organisme : elle *écoute*, apprécie, et, prête à réagir contre les impulsions instinctives, elle maintient, autant que possible, le centre de gravité en sa puissance.

ARTICLE IV.

De l'Éperon (*Des effets cinésiques*).

L'éperon est incontestablement l'agent mécanique auxiliaire le plus puissant. Il est destiné à suppléer à l'impuissance des jambes par son action des plus sensibles sur l'organe du tact. Il détermine en un mot les effets d'ensemble du mécanisme des aides dans la production de concentration des forces et le maintien de la situation dynamique à toutes les allures.

Le *pincer* de l'éperon a pour objet d'obtenir, par la vive sensation qu'il produit sur le système nerveux, répercutée dans tout le système musculaire, une concentration de forces se subordonnant les unes aux autres au centre organique. Il faut donc qu'il satisfasse à la première condition de pouvoir coordonner ses effets avec les forces motrices, en raison de la réaction à produire au profit de l'équilibre et de la légèreté. — Tout effet de l'éperon, opposé à ce résultat, doit être regardé comme effet anti-équestre des plus funestes.

Le principe de la théorie militaire : *l'éperon n'est pas une aide, mais un moyen de châtiment*, a faussé et perdu l'équitation; c'était le contraire qu'il eût fallu dire : *L'éperon est la plus puissante des aides, mais ne doit jamais être employée comme moyen de châtiment*[1].

Car l'on ne devrait jamais perdre de vue que l'effet de l'éperon résume l'action générale des pressions excentriques-concentriques des aides, à sa plus haute expression d'harmonie; effet qui ne se produira qu'autant que les conditions d'équilibre d'action et de

---

[1] Voir *Répressions*, page 152.

réaction nécessaires, se trouveront représentées pour engendrer l'unité d'action dans le mouvement.

Que d'erreurs, que de préjugés encore consciencieusement admis aujourd'hui, en un mot quelle confusion !

Ainsi, les préceptes de l'emploi de l'éperon reposent sur cette base d'unité d'action, la seule rationnelle; leurs applications peuvent se démontrer alors avec la dernière évidence, et les avantages qui en résultent pour le dressage du cheval, lorsqu'il dérive de cette règle de conduite invariable, peuvent se prouver, en quelque sorte, mathématiquement.

« L'effet délicat et précis de l'éperon, dit *M. Raabe*, avec raison, doit se faire sentir par de petits coups secs, dus au seul jeu de l'articulation du pied. » — Mais ce qui n'est dit nulle part : La force passive concentrique de la jambe, qui perçoit alors la réaction instantanée des forces motrices, sera en raison de la commotion produite par l'action synthétique des aides, qui a pour objet, nous le répétons, de restreindre la base de sustentation le plus possible et pour but de maintenir la légèreté et l'équilibre.

L'éperon est l'instrument nécessaire en équitation, le mécanisme indispensable qui donne à l'unité expressive sa plus grande puissance d'action; c'est la force s'opposant à d'autres forces avec des exigences plus minutieuses, mais toujours dans des proportions d'équilibre nécessaires aux mouvements *concentriques-excentriques* du cheval. — Si donc l'éperon est l'agent auxiliaire principal du mécanisme cinésique, les deux phénomènes corrélatifs de *concentricité* et d'*excentricité*, qui relient le cheval au cavalier et tous les mouvements entre eux, en sont les deux phénomènes primordiaux, indispensables; en sorte que l'*équilibre dépend moins directement de l'impulsion transmise que de la réaction particulière qui le détermine.*

ARTICLE V.

Des effets croisés.

La conduite du cheval n'est parfaite, on le sait, qu'autant que l'harmonie des forces opposées des aides réalise un ensemble de forces pondérateur : non lorsque l'impulsion des aides exerce seule, mais lorsqu'elle joue le rôle de force déterminante, disposant alors les forces musculaires au mouvement soumis à la volonté de l'animal. L'expérience, depuis longtemps, nous a prouvé que l'action des aides par les *effets croisés*, dits *diagonaux*, permet seule aux forces impulsives d'agir efficacement, en se contre-balançant dans leur entre-croisement, pour l'unité de l'action et de l'équilibre.

Les prescriptions sur l'emploi des aides sont tellement brouillées et confondues par les divers systèmes d'équitation, que tout sous ce rapport est conventionnel, relatif, contradictoire, contesté par les uns et affirmé par les autres. Aussi, avons-nous cherché à établir les accords pratiques, entre les aides inférieures et les aides supérieures, toujours restés à l'état de problème, sur des données scientifiquement résolues.

Voici ce que dit M. Béclard : *De l'action croisée dans le système nerveux*[1] :

« L'action exercée sur les mouvements volontaires par les hémi-
« sphères cérébraux est généralement *croisée*, c'est-à-dire, en d'autres
« termes, que l'incitation qui descend de l'hémisphère droit, le
« long de la moelle allongée et de la moelle, pour se rendre aux
« nerfs, excite le mouvement dans les muscles de la partie gauche
« du corps ; et réciproquement, l'hémisphère gauche éveille la con-
« traction des muscles placés à droite du plan médian du corps. .
. . . .
« Cet effet croisé dépend de l'entre-croisement des fibres ner-
« veuses du mouvement dans la commissure blanche de la moelle,
« dans le bulbe rachidien, et aussi dans toute l'étendue de la pro-
« tubérance annulaire, etc. . . . . »

Ces simples données n'ont pas besoin de commentaires; elles prouvent surabondamment que les effets croisés *des aides* sont destinés à réaliser le libre essor du mécanisme et l'harmonie générale.

Pour ajouter encore à l'évidence de leur puissance sur l'organisme, nous rappellerons ce que M. Dailly[2] nous enseigne, à savoir :

« Que les propriétés de la main droite et de la main gauche,
« identiques quant à leurs propriétés génériques, sont différentes

---

[1] *Physiologie comparée*, p. 846.
[2] Voir : *Des propriétés physiologiques de la main*, p. 123.

« quant à leurs propriétés spécifiques. Et cette identité et cette
« différence se retrouvent dans tout le côté droit et corrélativement
« dans tout le côté gauche du corps. Donc il existe entre eux des
« influences organiques différentes. Donc une pression faite avec la
« main droite aura un effet différent de celle qui serait faite avec
« la main gauche. »

Cet entre-croisement des forces motrices et des forces impulsives dans leurs effets d'opposition croisés nous donnerait la clef de l'harmonie qui résulte de leurs forces opposées, ayant entre elles une certaine propension harmonique, et, par conséquent, une tendance à l'équilibre.

D'où il ressort, pour nous, que les effets latéraux immodérés des aides, agissant constamment dans le même sens, finissent par annihiler l'équilibre, et détruire l'harmonie des forces, au grand détriment de l'organisation et au grand étonnement du cavalier dont les moyens d'impulsion et de répression, sans base déterminée, ne font que réduire les forces de l'animal ou le rendre *rétif*, car le cheval, détourné du sens naturel et véritable de ses forces ainsi neutralisées, lutte instinctivement et réagit contre toutes ces fausses et impuissantes dominations créées par la routine.

D'après ce qui précède, les propriétés des effets croisés se révèlent dans toute leur clarté, et, leurs procédés méthodiques sont si simples, qu'ils ne peuvent échapper à la mémoire : *rêne droite, jambe gauche, rêne gauche, jambe droite;* c'est là la base de la situation créatrice du mouvement, et augmentative du développement des facultés organiques de l'animal.

ARTICLE VI.

De la situation dynamique, ou de la pondération mécanique.

L'analyse que nous venons de donner des propriétés des agents mécaniques auxiliaires du mouvement, dont chacun peut apprécier la vérité et expérimenter le degré de justesse, donne une idée de la puissance affective que peuvent avoir les aides dans leurs effets croisés, pour obtenir d'abord la station forcée, puis la situation dynamique. Ces effets de pondération mécanique qui imposent à l'animal, pour se maintenir sur l'étroite base de sustentation, un redoublement d'effort tour à tour concentrique et excentrique, afin de conserver son équilibre, dépendent de l'égale disposition de forces et de poids au centre de gravité, et ne peuvent être mis en œuvre qu'après des exercices de flexibilité pratiqués sur les différentes parties du cheval les premières à se contracter. (Voir *Assouplissements*.)

Dans le petit nombre d'effets *excentriques-concentriques* nécessaires à la production de la station forcée, le cavalier doit déployer assez de tact pour l'obtenir sans effort; et, par l'accord et la puissance de ses aides, arriver à la situation dynamique, ainsi appelée par la grande facilité de translation que donne cette situation des membres, et qui n'est en somme que la station forcée portée à un plus haut degré d'instabilité. — Ces forces *actives-passives* des aides, si variables et cependant si simples dans leur application, résultent toujours de pressions tactiles qui doivent agir simultanément et de concert pour restreindre la base de sustentation et exhausser le centre de gravité le plus possible; chacune de ces forces influant par son action, non-seulement sur la partie du corps où elle exerce sa pression, mais encore sur toutes les parties de l'organisme. — Les pressions excentriques-concentriques doivent donc, nous venons de le dire, se coordonner pour produire l'effort passif-actif de la machine vivante, dont le premier effet est d'obtenir la station forcée qui se complète par la situation dynamique, selon le degré de puissance d'actions excentriques-concentriques de ces différentes forces mises simultanément en jeu.

C'est donc par une suite non interrompue d'actions *excentriques* et *concentriques* des *aides*, ou autrement dit, d'actions incessamment *actives-passives*, que le mécanisme vivant se prêtant à un état de réceptivité et de spontanéité corrélatives, comme aussi à la combinaison qui résulte du contact d'électricité, de lumière et de calorique de nom contraire que le centre de gravité est exhaussé, que les extrémités se rapprochent, et qu'ainsi la situation dynamique s'effectue. — Le produit de cette pondération mécanique n'est ni l'impression, ni la sensation, ni l'entendement, mais un mouvement proportionnel, d'*impression*, de *sensation* et d'*entendement* tactile, représentant le mouvement extérieur, mouvement composé d'exercices partiels de flexibilité passés à l'état d'habitude, et de mouvement d'ensemble, fixés dans la mémoire d'abord, puis arrivés à l'état instinctif ou psychologique.

La situation dynamique résume donc toutes les opérations antérieures d'assouplissement; elle est l'expression de coexistence d'harmonie dans les rapports des deux organisations et peut seule engendrer l'unité d'action qui doit subsister dans leurs mouvements.

Plus le mouvement d'instabilité s'accentue, plus s'accroît l'action concentrique, ainsi que l'intensité de forces et la facilité de translation. On comprend, dès lors, pourquoi le mouvement *excentrique* qui en résulte peut être développé en hauteur, ou en étendue; tandis que dans la station libre, le corps neutralisé dans ses mouvements par la surcharge du cavalier est sans élan possible.

Après la station libre, se place donc la station forcée, donnant le privilége de combiner les forces et le mouvement; entre la rupture de cet état d'équilibre et la translation du corps doit succéder une situation plus instable : la situation dynamique qui doit être maintenue et servir de base à toute production de mouvement pendant le travail.

CHAPITRE IV

PROGRESSION MÉTHODIQUE.

DU DRESSAGE DU CHEVAL DE SELLE.

ARTICLE Ier.

Du travail progressif.

La progression qui doit être observée dans le dressage du cheval, afin d'obtenir les moyens les plus propres à agir avec la plus grande puissance sur la machine vivante, doit être l'objet d'une persévérance constante de la part de l'écuyer, ou de l'homme de cheval qui entreprend ce travail.

Il doit toujours avoir en vue les fonctions principales des organes auxquels sont confiés la locomotion; l'unité de leurs rapports, qui se divisent et se groupent en systèmes distincts; enfin, les fonctions de centralisation, qui exercent une influence primordiale sur tout l'organisme. Il doit, en outre, se représenter à tout instant l'action directe dont les aides, dans la situation forcée, disposent à leur tour sur le système nerveux (lequel transmet au cerveau, centre commun des sensations, tous les effets excentriques d'électricité, de lumière et de calorique des pressions tactiles, répercutés instantanément sur tous les points de l'organisme), ce qui permet au cavalier d'établir un rapport incessant entre ses moyens d'action et la nature des phénomènes instinctifs, et de pouvoir guider, sûrement ainsi, la volonté de l'animal. Et cela, en se pénétrant bien que de même que les aides, en agissant, exercent leur action sur le corps qui leur est soumis, elles en reçoivent, en même temps, une du corps sur lequel elles agissent; qu'elles n'exercent régulièrement leur effet, que moyennant l'intégrale perception de cette réaction. Or, *sentir, et, par suite, déterminer, tel doit être l'état respectif des deux organisations, pour qu'à chaque addition ou combinaison nouvelle, le mouvement s'enchaîne au précédent, et dérive toujours de l'état d'équilibre des sensations transmises.*

Maintenant, transportons nos considérations sur les règles à observer dans les pressions tactiles des aides, pour que les effets des agents mécaniques auxiliaires soient le plus directement propres à provoquer le mouvement, en vertu desquels la machine animale doit fonctionner par leur seule puissance.

ARTICLE II.

Des assouplissements.

Il faut, tout d'abord, pour dresser le cheval, l'habituer, en place, à céder aux moindres pressions des aides, afin d'assouplir les articulations des épaules, des hanches et du rein de l'animal.

Pour arriver à l'entier assouplissement de ces diverses parties du corps, il est nécessaire, il est indispensable d'obtenir, avant tout, *de la plus légère tension de rêne de bride ou de filet, la complète mobilisation de la mâchoire.* On arrive facilement à ce résultat avec du tact et de la patience, par des flexions qui doivent être pratiquées d'abord à pied, puis le cheval monté.

Quant aux flexions d'encolure, nous en avons depuis longtemps reconnu l'inutilité et même le pernicieux effet qu'elles peuvent amener sur certaines conformations.

Nous ne développerons pas ici les divers assouplissements auxquels le cheval doit être soumis, ni les règles qui doivent présider aux actions partielles des *flexions de mâchoires* d'abord, puis aux opérations d'ensemble des *pirouettes* et du travail sur les hanches. Tous ces mouvements et leurs principes sont parfaitement décrits ailleurs et réédités sous toutes les formes. Nous rappellerons seulement ici que tout progrès important dépend, sans sortir des règles prescrites, du maintien de la station forcée et de la parfaite exécution des premiers mouvements, ce à quoi on ne porte généralement pas assez d'attention. — Car du moment que l'animal, à la station forcée, répond à des pressions nettement précisées, même des plus simples, il se forme immédiatement en lui une tendance instinctive à soumettre sa volonté à l'accomplissement du mouvement sollicité.

Ce n'est qu'après des actions réitérées que l'impression se fixe, que l'habitude naît et que la volonté cède. Nous devons donc soumettre nos pressions tactiles à des règles déterminées, et nous préoccuper de l'action concentrique produite et de la réaction excentrique qui en résulte.

Les mouvements *partiels* ou mouvements *sur place*, que l'on nomme communément de *pied-ferme*, tels que les rotations ou pirouettes sur les épaules et sur les hanches, mouvements que l'on obtient aisément avec le secours de la situation dynamique et par des translations du centre de gravité, possèdent des propriétés d'assouplissement toutes particulières et fort importantes. Il est nécessaire, pour les obtenir sans effort, de les exécuter souvent avec tact et précision.

Tous ces mouvements consistent, dit M. Béchard, dans le changement de situation, les uns par rapport aux autres, des divers segments mobiles qui composent le squelette; changements de situation où les membres jouent le principal rôle, quoique cependant le rein n'y reste jamais étranger.

Nous en dirons tout autant du *reculer*, qui, après la situation dynamique, est pour nous une autre base dynamique du dressage, et qui dérive naturellement de la première.

ARTICLE III.

De la mise en marche. — Règles à observer à toutes les allures.

Nous voici arrivés à la deuxième période du dressage. Jusque-là, le cheval n'a été soumis à l'impulsion précise des aides que dans les mouvements auxiliaires d'assouplissement, où la mémoire et l'habitude ont eu une large part dans les résultats obtenus, en liant l'animal à tout ce qui a impressionné son cerveau par l'organe du tact.

Mais comment assurer l'union entre les deux organisations (de l'homme et de l'animal) de forme spéciale quoique appropriée, séparées d'intelligence et d'indépendance organique, mais également douées des mêmes facultés tactiles extérieures et intérieures de sensation et de perception ? Quel moyen de coordination employer pour les faire entrer en association et en communauté de mouvement, ainsi qu'en communauté de sensation et d'expression, de manière à fondre, en un mot, leurs deux volontés en une seule et faire converger leurs actes vers le même but, c'est-à-dire la légèreté dans l'allure et la précision dans l'exécution du mouvement ?

A l'aide, tout d'abord, de la station forcée (obtenue par la réduction de la base de sustentation) qui crée le lien dynamique, engendré et entretenu par l'union des centres de gravité, résultant de cette situation de l'organisme animal; situation qui doit être constamment maintenue au plus haut degré possible d'instabilité, de façon que l'animal soit toujours disposé d'équilibre et d'instinct à satisfaire au mode de locomotion sollicité suivant l'aptitude de ses facultés physiques et instinctives. — C'est cette union des centres de gravité qui produit une inaltérable entente d'action et de volonté, un accord incessant, une harmonie parfaite dans l'impulsion et l'expression du mouvement.

La station forcée a donc pour objet de maintenir les deux organisations en constante harmonie, tant au point de vue de l'équilibre hippique, qu'à celui des rapports instinctifs ; et pour résultat, nous le répétons, l'union des centres de gravité, la concentration des forces qui en dépend, ainsi que la légèreté de l'appareil locomoteur qui en dérive.— Autrement dit : de même que le principe d'instabilité des membres est l'âme de l'équilibre de l'organisme animal, de même le principe de concentration des forces ou d'union des centres de gravité est l'âme de l'équilibre des impulsions équestres.— C'est à ce foyer permanent d'union et d'incessante attraction dont la force rayonne sans cesse du centre à la circonférence et des organes du tact au cerveau, que s'entretient et se développe l'*entendement* réciproque de l'homme et du cheval, à la faveur de l'union intime des deux organisations.— Il s'ensuit que la station forcée, dont le but final est l'union des centres de gravité, la consolidation du lien dynamique et de l'équilibre, est la véritable source de l'attraction physique et de l'entendement instinctif, en même temps qu'il est le premier et le plus puissant moteur de légèreté et d'harmonisation locomotrice.

Le cheval peut, dès lors, être mis en mouvement, sous l'action des diverses forces opposées, inséparables et solidaires du cavalier, par l'impulsion excentrique-concentrique de ses aides, et leur unification dans la production concentrique-excentrique des forces motrices de l'animal ; le cavalier laissant alors à celles-ci la libre expression du mouvement, tout en se rendant compte de l'état de l'équilibre, et du travail psycho-physiologique qui s'opère dans le mouvement.— Le pas le plus faible dans cette voie, sera un progrès. C'est de là que dépendront l'excitation normale du cavalier et l'expression naturelle du mouvement de locomotion.

De cette unification d'action s'établira le lien, le rapport des centres de gravité, d'où naîtra, en raison de leur rapprochement, l'entendement tactile de l'animal, et, le tact nécessaire au cavalier, pour l'appréciation des diverses forces à imprimer, compatibles avec leur admission dans le mécanisme.— Sans cette admission, les aides seraient impuissantes à rendre leurs forces solidaires ; le mouvement impulsif serait impuissant à transmettre son unité au mouvement expressif ; le mécanisme n'aurait plus de direction.

Notre méthode implique donc, tout d'abord, la manière rigoureuse dont les aides doivent provoquer le mouvement, par la mise en action de leurs impulsions simultanées et leurs effets tactiles croisés; d'après ce principe général, et uniformément adopté comme base excitatrice.

Par conséquent, les excitations des aides, depuis les plus minimes jusqu'aux plus énergiques, doivent exprimer une action commune, active-passive, dont l'opération a, non-seulement pour but la recherche d'unité d'action, mais encore, comme résultat final, la perception des forces à imprimer pour la manifestation du mouvement à venir, de telle sorte, enfin, que cette unité d'équilibre se maintienne, par la circulation normale de l'agent nerveux dans la production d'électricité, de lumière et de calorique des effets tactiles, répercutée instantanément du cerveau sur tous les points de l'organisme; l'influence de ces différentes forces, devenant tour à tour concentriques ou excentriques, selon les conséquences des impressions internes ou externes, de manière, en un mot, à déterminer chaque mouvement, à le développer, à le circonscrire, à diriger, enfin, le foyer actif. — Grâce à cette perception, la détermination la plus concise, l'impulsion la plus cachée peut en un instant se communiquer à l'animal inconscient et envahir tout son être.

Il est donc indispensable de procéder, par une gradation progressive et suivie, à l'enchaînement des mouvements de locomotion, afin de les rendre toujours dépendants de la station forcée. Par conséquent les pressions tactiles doivent être limitées en raison du degré de légèreté ou de sensibilité de l'animal; *et toujours en prévision d'un arrêt que les aides doivent être à même de rendre spontané*. — Transgresser cette règle de conduite qui a tout avantage, ce serait méconnaître l'importance de ne jamais passer que du connu à l'inconnu, et cela, avec la plus grande circonspection; en tenant toujours compte de la mémoire et de l'habitude; en un mot, ce serait provoquer inconsidérément le mouvement sans avoir la puissance de le modifier instantanément.

C'est donc par une suite non interrompue de mouvements *concentriques* et de mouvements *excentriques*, transmis ou communiqués intérieurement par des agents intermédiaires directs, successivement *passifs* et *actifs*, que le mouvement se produit à l'extérieur. — Que ces deux phénomènes se produisent d'une manière normale, il y a équilibre; tous les rapports s'accomplissent dans un mouvement d'ensemble et d'harmonie et concourent à écarter les causes de désordres qui pourraient s'y rencontrer. — Là est toute la source de composition des effets des aides de la véritable équitation. Sans ces conditions d'équilibre dynamique, la perturbation s'introduit bien vite dans la direction et dans l'exécution.

Mais quand ces conditions sont scrupuleusement observées, la mémoire s'éclaircit, l'entendement s'accroît, une sorte d'affinité d'intelligence pénètre l'animal. L'influence des pressions tactiles devient alors, par l'habitude, un besoin pour le cheval, un principe qu'il lui devient nécessaire d'éprouver, avant de manifester son action.

C'est par cette rigoureuse pratique dans l'impulsion des aides que se maintiendront, selon ces principes, l'expression naturelle du *mouvement* et l'unité d'action au début de toute allure; comme se maintiendra, par la situation dynamique, la même unité d'action dans tous les mouvements des divers modes de locomotion.

L'unité d'action doit donc être l'objet de la combinaison des aides, et avoir pour but la réalisation de toutes les tendances à l'équilibre, de l'harmonie, en un mot. C'est de l'arrêt, parfaitement circonscrit à l'état de station forcée, que dépendra tout d'abord cette unification d'action dans le mouvement.

ARTICLE IV.

De l'arrêt à l'état de station forcée.

L'équitation rationnelle exige l'harmonie la plus parfaite dans les effets des aides en vue d'obtenir l'arrêt sans préjudice pour les membres, et comme base primordiale d'opérations, ce dont on ne s'occupe en aucune façon dans l'équitation actuelle. — Ce n'est cependant que par une juste répartition de forces et de poids que l'arrêt régulier peut s'obtenir. Dans l'arrêt habituellement exigé, rien ne dégrade en effet les articulations comme les violents efforts opérés en sens contraire, effectués d'un côté par les aides détraquées du cavalier, et de l'autre par la résistance que l'animal oppose dans cette lutte, où l'instinct de conservation se fait jour. Car ce mouvement est alors, pour lui, le souvenir de mauvais traitements subis; ou tout au moins, de douleurs éprouvées par la surcharge du poids de la masse qui a lieu sur une partie faible, lorsque le cavalier ne cherche pas à amoindrir, par la puissance de l'effet d'ensemble, l'effort que l'animal exerce sur ses membres. Il faut donc que les aides, par leurs effets excentriques-concentriques, produisent l'équilibre nécessaire à la répartition normale du poids du corps, pour amener, sans dommage pour les membres, l'arrêt à l'état de station forcée.

Disons de suite que, dans ce mouvement qui paraît si simple, le cavalier dévoile la supériorité ou l'infériorité de ses moyens de conduite, par le plus ou le moins de précision qu'il apporte dans les effets de ses aides, pour décider l'arrêt à une allure quelconque. Le degré de dressage du cheval y apparaît tout naturellement aussi. Cette précision, à observer dans ce principe de pondération mécanique, renferme en elle toute la puissance d'action des aides, c'est-à-dire (par le maintien en équilibre des forces motrices concentrées) le pouvoir de reproduire la projection de la masse en avant ou en arrière à l'instant voulu.

L'arrêt ainsi obtenu, par l'action excentrique-concentrique des aides, conduit à leur juste coordination. Le cavalier peut ainsi produire l'arrêt, tout en conservant les moyens d'agir. Chaque force, réduite ou augmentée par la connexité des effets des aides, est un accroissement à leur puissance qui grandit au fur et à mesure de ce perfectionnement.

En poursuivant, ainsi, le travail d'arrêts et de départs de composition et de recomposition des forces, dans lequel les articulations se trouvent assouplies et mobilisées, le cavalier peut obtenir aisément le départ à toutes les allures. Enfin, pour accorder le repos, le cavalier laisse successivement se détendre les ressorts de la machine vivante; et, par cela même, sans efforts et sans frottements pour les articulations, achève ainsi la dernière situation instable.

Rien de profitable au dressage comme cette sujétion, exigée dans ces conditions, qui équilibre le mécanisme, réprime les mouvements impétueux et tempère la vivacité. Mais, pour produire tout cela, l'arrêt doit être, parfois, complet et de courte durée. C'est-à-dire qu'il doit être, de temps à autre, la cessation de toute concentration de forces, en isolant momentanément alors le corps de tout contact des aides. De courte durée, disons-nous, parce qu'il doit amener la *remise de main* qui est la suspension du travail, qui facilite, en outre, au cavalier les moyens de reproduire plus sûrement de nouveau la concentration des forces.

ARTICLE V.

De la remise de main.

Comme tout concourt dans l'organisme à l'exécution du mouvement, et qu'il est, par conséquent, important de faire marcher de front le double développement des facultés physiques et instinctives de l'animal, le travail doit avoir des limites que l'on ne peut dépasser sans s'exposer à voir l'animal se rebuter. Il faut donc satisfaire, parfois, le cheval dans le besoin impérieux qu'il peut ressentir de se mouvoir librement, si l'on ne veut pas le voir, dérouté et à bout de patience, se refuser aux effets des aides.

Observons encore que la prédominance de l'unité d'action, exercée sur le système locomoteur, ne peut subsister qu'autant qu'elle ne dépasse pas certaines séries progressives, de manière à soutenir l'attention et l'expression de la volonté de l'animal, toujours au même degré.

Imposer le *mouvement* (le travail) à l'animal qui est tourmenté du besoin d'agir librement, ce serait transgresser les lois de la nature et du bon sens; ce serait altérer les facultés du cheval et vouloir qu'il se rebute. Agir est, pour lui, un besoin tellement impérieux qu'il ne doit en être empêché sans danger pour son organisation; plus son sang est riche, plus l'action lui devient nécessaire.

Indépendamment de ces motifs, des plus puissants, la *remise de main*, accordée à propos et pratiquée comme elle doit l'être, est une des pratiques les plus indispensables à notre mode de dressage.

Ces remarques montrent donc la nécessité de laisser, de temps à autre, à l'animal, une certaine liberté d'action qui doit être utilisée en une sorte de répétition familière; tout aussi utile au cavalier pour reprendre de nouvelles forces, qu'au cheval pour acquérir une nouvelle aptitude d'entendement.

Pour ces motifs, le cavalier accordera en temps opportun la *remise de main* (qu'il ne faut pas confondre avec la *descente de main*, dont nous parlerons plus loin), c'est-à-dire qu'il conduira le cheval *les rênes flottantes* en lui laissant toute liberté d'action, *mais seulement au pas*, — *l'allure du trot devant toujours émaner de la situation dynamique*. Le cavalier assujettira ensuite le cheval *au travail*, alternant les mouvements de sujétion avec les mouvements libres, à raison du degré du dressage; et, en donnant toujours, pendant les premiers temps, la plus large part à la liberté d'action. Les changements de direction, la marche circulaire, les voltes, les demi-voltes composeront la série qu'il convient de demander par indications diagonales dans la *remise de main*, mais *toujours au pas et les rênes flottantes*. Cet exercice sera le canevas, l'esquisse des mouvements à obtenir de la situation dynamique.

C'est à l'intelligence du cavalier qu'il appartient d'apprécier le laps de temps qu'il convient de donner à chaque série de leçons, et les intervalles de repos qu'il faut laisser écouler entre elles et le travail. Il ne doit jamais perdre de vue l'action réciproque du corps et du cerveau, et le danger qu'il y aurait de fatiguer le cheval au dressage, en le forçant, mal à propos, à une application assidue.

ARTICLE VI.

Du reculer.

Le reculer, avons-nous dit, procède de la situation dynamique. Dans l'exécution de cet *assouplissement*, chaque pas rétrograde doit être séparé, l'un de l'autre, par un demi-temps d'arrêt plus ou moins rapproché, pour que le cavalier puisse être en état de maintenir la situation forcée qui facilite l'exécution du mouvement.

Mais examinons comment s'opère le reculer, sans tenir compte du *mouvement double* (p. 98). Ce développement servira d'exemple pour apprécier ce qui se passe dans chaque mouvement hippique régulier de locomotion, qui pourrait être ainsi analysé.

Dans le mouvement rétrograde considéré à partir de la situation dynamique, nous voyons au début du mouvement, par l'influence *excentrique* (active-passive) prédominante des aides inférieures et l'effet *concentrique* (passif-actif) de la main, les forces du foyer central devenir *passives-actives* sous cette action des aides, lesquelles augmentent leur puissance pour élever le centre de gravité et le porter sur les épaules : ce qui allége l'arrière-main et dispose l'appareil locomoteur au mouvement en arrière.

Puis l'action des aides inférieures diminue, qui d'excentrique devient *concentrique*, pour maintenir l'équilibre, apprécier la *situation* et laisser à la main le rôle *excentrique*, laquelle à son tour facilite l'exécution rétrograde des membres, que l'effet des forces du pouvoir central, alors *actif-passif*, détermine par la projection du centre de gravité en arrière. Le mouvement rétrograde alors s'effectue et un nouvel état d'équilibre s'établit.

Pour continuer le mouvement, les aides inférieures reprennent leur intensité première, afin de décider une nouvelle translation du centre de gravité sur les épaules, par une réduction plus complète de la base de sustentation, et la main continue son même rôle, d'abord concentrique, puis excentrique ; et, ainsi de suite, jusqu'à ce qu'elle veuille, de concert avec les jambes, arrêter le cheval à la situation dynamique, ou lui laisser rompre son équilibre dans le sens habituel par la projection des forces en avant.

Le reculer, qui dérive ainsi de cette pondération mécanique, acquiert, par elle, une régularité mathématique. La principale condition de précision dans le *mouvement* consiste à maintenir la légèreté d'une manière soutenue. Cela ne peut avoir lieu qu'en rendant la tâche courte et en cherchant à ne déterminer d'abord que quelques pas avec le plus d'aisance possible ; deux ou trois pas seulement et cesser dès que la légèreté diminue.

ARTICLE VII.

Des trois bases dynamiques de dressage.

Nous établissons donc comme bases dynamiques des plus favorables au dressage du cheval :

1° *L'arrêt à l'état de station forcée;*
2° *La situation dynamique;*
3° *Le reculer.*

I. *L'arrêt* à la station instable, est, comme nous venons de le voir, la source de combinaisons nouvelles; il répare toutes les imperfections des aides; il est enfin le promoteur des merveilleux effets de la situation dynamique d'où naît la légèreté et l'équilibre. Cette théorie de l'arrêt, comme base d'opération, implique donc dans son exécution les rapports d'union des effets tactiles : c'est le *rassembler* des forces motrices; c'est en un mot le principe de tout accord des deux sphères d'action, ainsi que le *rappel* à l'équilibre des sensations et à la libre expression des facultés physiologiques du cheval; en un mot, à la création de la situation dynamique.

II. *La situation dynamique.* — Le cheval, à cette situation instable, est dès lors sous l'empire d'une harmonisation nouvelle des aides; les facultés se doublent; le centre de gravité, tout en oscillant d'une impulsion à l'autre, attire les forces éparses de l'organisme; une animation particulière actionne l'entendement tactile de l'animal; le mécanisme enfin, bénéficiant de l'antagonisme des forces opposées et de leur tendance à l'équilibre, se multiplie en ralliant à lui tous les principes de force et de légèreté que renferme l'organisation. Tout mouvement de locomotion, par l'impulsion des aides, peut être alors exigé de l'animal. La série de mouvements obtenus d'après ces conditions, sont de telle nature, que chaque mouvement se trouve après celui qui est sa cause et avant celui qui est son effet. Le cheval, s'aidant de cette *situation* qui asservit ses mouvements aux impulsions transmises, augmente la puissance de ses ressorts au détriment peut-être de la vitesse, mais à l'accroissement de sa force motrice.

III. *Le reculer.* — Quant au mouvement rétrograde partiel, *troisième principe dynamique d'opération*, nous le considérons comme une des bases motrices par excellence. Cette maxime peut faire l'effet d'un paradoxe, mais pour expérimenter ce mode d'action aux allures vives, afin d'apprécier le nouvel élément de légèreté qu'il produit dans le mécanisme, il suffit de s'emparer, par effet concentrique-excentrique des aides, de l'équilibre mécanique établi par la parfaite répartition de forces et de poids que la machine est physiquement obligée de réaliser lorsqu'elle reprend sa projection en avant, pour que le cavalier ait la puissance de détacher l'animal du sol à une allure quelconque à son gré.

C'est ainsi que de ces trois bases de dressage, où l'arrêt est à la situation dynamique ce que le reculer est à la mise en action aux allures vives, on arrive indubitablement au double but de perfectionner la concentration des forces et les facultés tactiles de l'homme et du cheval. On ne sera pas étonné, en utilisant ainsi ces mouvements de pondération mécanique, des progrès rapides que l'on obtient dans le dressage du cheval, par les rapports d'union et d'équilibre qui s'établissent forcément alors entre les centres de gravité.

ARTICLE VIII.

De la descente de main.

Nous allons entreprendre, maintenant, de démontrer en quelques mots comment on peut confirmer le cheval dans sa soumission et sa légèreté par la *descente de main* qu'il ne faut pas confondre, non plus, avec la *remise de main* (sorte de repos à utiliser, comme nous l'avons vu, en répétitions de diverses séries de mouvements *au pas, les rênes flottantes*).

La *descente de main* est une autre opération mécanique tout aussi importante mais exclusivement réservée à l'appréciation du tact du cavalier. — Il n'y a que lui qui puisse sentir le moment opportun d'accroître, par la descente de main, la légèreté et l'énergie de son cheval; de multiplier tous ses ressorts par cette feinte d'indépendance accordée à propos, qui absorbe alors, en quelque sorte, toutes ses facultés.

A cet effet, lorsque les forces impulsives et les forces motrices sont en harmonie et que la légèreté de la mécanique est parfaite, le cavalier descend momentanément la main de bride vers l'encolure : le cheval, alors, sous ce semblant de liberté qui le domine, accroît ses forces motrices, et les livre ainsi à la puissance de concentration qui tourne à son profit l'activité et l'ordre qu'elles établissent dans l'équilibre.

La descente de main, toujours de courte durée, doit être utilisée dans tous les mouvements, dès qu'il y a répartition des forces et légèreté ; la main, s'imposant l'obligation de conserver la mâchoire mobile, et les aides inférieures celle de maintenir par leur concentration l'attraction réciproque des centres de gravité, dont l'affinité corrélative remplace alors les effets des aides qui, dans ces instants, ne paraissent nullement se faire sentir. Cependant, malgré cette neutralité apparente, la *direction* n'en existe pas moins, et les mêmes nerfs, qui portent les impressions dans les organes du cerveau, réagissent sous l'action synthétique du tact.

ARTICLE IX.

Des répressions.

> « Pour triompher de la nature
> il faut obéir à ses lois. »
> BACON.

D'après les études auxquelles nous nous sommes livrés, nous avons appris à connaître dans l'expression musculaire, l'impression des sens et les modifications que le tempérament, l'âge et le sexe peuvent y apporter.

C'est donc par l'analyse des nombreux phénomènes que présente chaque système organique régi par l'unité nerveuse, que nous nous sommes rendu compte qu'ils ne réagissent que d'après les influences des agents extérieurs, ou des causes déterminées par les facultés instinctives de l'animal; ou enfin, des impulsions rationnelles des aides du cavalier.

Sans ces connaissances, il est impossible de se faire des notions complétement justes des résultats à obtenir par la prépondérance des pressions tactiles sur la machine vivante, et, par conséquent, sur la volonté de l'animal qui produit le mouvement.

Nous avons l'inébranlable conviction qu'en dehors de quelques cas exceptionnels, le cavalier est la cause première du refus du cheval, la cause déterminante et aggravante.

En présence d'un fait aussi général et universellement reconnu, quoi de plus utile que de chercher à savoir comment avec un si admirable instrument que l'organisme animal, l'homme ait abouti à de si déplorables résultats dans le dressage du cheval !

Envisageons donc un instant le maintien du cavalier à l'égard des défenses de l'animal, provenant soit d'effets de mouvements instinctifs de conservation, soit de causes d'erreur d'entendement, qu'il importe tout autant de réprimer que tous autres actes de refus : car rien n'est plus clairvoyant que l'instinct de l'animal en ce qui concerne les concessions qui lui sont faites ou les brutalités qui lui sont infligées. Aussi, le mode de répression à employer est-il d'autant plus important à observer que les déterminations ultérieures du cheval auront pour cause la nature même des réactions créées par les effets des répressions imprimées dans le cerveau.

Or, une défense naturelle ou provoquée, quelle qu'en soit du reste la cause, doit être, d'après nous, d'abord contenue, puis peu à peu réprimée par des effets rationnels d'équilibre ; contrairement à l'usage actuel qui a pour principe de répondre à l'éruption de l'intinct par une action brutale, dite répressive, et qui donne ainsi un libre cours aux débordements de la défense.

Dans le premier cas, suivant l'équitation rationnelle, que s'opère-t-il ? Le cavalier, par un effet instantané de force d'*inertie* de ses aides, renferme tout d'abord l'impression anti-harmonique et en triomphe en la détournant, et lui faisant subir, s'il le faut, diverses élaborations que nous appellerons dynamiques, qui sont : la station forcée, la situation dynamique, etc., et, en fin de compte, il parviendra, par la concentration des forces et le retour aux mouvements acquis, à dominer la cause de la défense, sans assaut dangereux et sans préjudice pour l'organisation animale.

Dans l'équitation actuelle, au contraire, que se passe-t-il ? Les oppositions par saccades ou éperons, toujours employées en pareil cas, sont forcément désastreuses pour l'organisme et infailliblement pernicieuses pour l'une et l'autre organisation ; l'assiette, aussi rompue qu'elle soit à ce genre de lutte et d'épreuves, est surprise, déplacée, et les actes, soit-disant répressifs, guidés par les faux principes qui leur servent de règles, font cause commune avec l'expression fâcheuse de la défense, l'accentuent et en aggravent les conséquences par de nouvelles douleurs physiques qui égarent tout à fait l'entendement. En définitive, qu'advient-il ? Le cerveau, pour parer à cette production insolite de chaleur nerveuse, fait, par instinct, un rapide et vigoureux appel à la force vitale, et celle-ci répond par d'énergiques mouvements proportionnées à l'attaque, en somme d'autant plus nuisible que la constitution se trouvera plus irritable, et dont les effets de désorganisation s'incrusteront plus défavorablement dans la région des facultés instinctives ainsi surexcitées.

Ainsi, des mouvements instinctifs aux actes subversifs, des actes subversifs aux habitudes défensives, des habitudes défensives aux conceptions désorganisatrices, *et vice versâ*, s'établit un courant anti-harmonique qui, en se propageant, fausse la direction, rend le cheval rétif, et dégrade bien vite les facultés physiques les plus heureuses et les organisations les mieux douées.

En pareille matière, plus qu'en aucune autre, les faits sont plus forts, plus concluants que les raisonnements et les préjugés. L'erreur dans laquelle on tombe généralement provient de ce que l'on tourne dans un cercle vicieux, en prenant les effets pour les causes et le but pour les moyens.

L'équitation actuelle reconnaîtra-t-elle enfin la voie funeste qui l'égare et la paralyse?

Entre une répression rationnelle, froidement élaborée, qui a pour objet de dominer pour contenir et diriger, de manière à maintenir intacte l'organisation, et une domination irréfléchie qui place son point d'honneur dans la force brutale au détriment de l'organisme, il faudrait pourtant opter!

En envisageant sainement les choses, il est aisé de voir, cependant, que tout cela peut se résoudre en une opération d'équilibre dans les sensations; — certes, il faut dominer; mais non détruire; — c'est donc à réprimer non-seulement le mouvement insurrectionnel qu'il faut tendre, mais encore à ramener l'entendement dans toutes les facultés tactiles par des effets d'assimilation et de pondération mécaniques, en étudiant avec *tact* les facultés particulières de chaque animal, de manière à développer les unes et à ménager les autres à l'aide d'effets appropriés et non identiques pour tous.

En principe, il faut bien se garder de réprimer d'une façon violente les mouvements *excentriques* du cheval mis au dressage : nous voulons parler surtout de ces mouvements de gaieté du jeune cheval, produits par l'exubérance de santé et le besoin de se mouvoir qu'éprouve tout animal soumis à un travail qui ne lui est pas habituel. Quelques inflexions de voix et des intermittences de sujétion suffiront à calmer ces premières *expressions* instinctives.

Exposé, du reste, à l'action continuelle des agents extérieurs qui peuvent détourner son attention des pressions tactiles et porter le trouble dans son entendement, le cheval peut agir sans avoir perçu l'impulsion désirée. Et, en supposant que les aides ne soient pas limitées dans leurs effets (ce qui n'arrive que trop souvent), leur effort isolé entraînera la confusion, ne pouvant se propager au point d'établir l'équilibre de leurs oppositions réciproques : l'unité d'action cessera donc forcément, l'*expression* conservatrice deviendra dominante et pourra même devenir instinctivement défensive.

Dans cette circonstance, il faut chercher à contre-balancer cette influence par des oppositions mesurées des effets croisés des aides qui pourront ramener l'équilibre dans les sensations ; mais, en cas d'impuissance : déterminer instantanément l'*arrêt* où s'établira une sorte de trêve entre les deux parties, ce qui permettra aux aides : 1° de comprimer par leur force passive-active (dite improprement d'*inertie*), le mouvement instinctif du cheval ; 2° de réparer, par la station forcée, leur imperfection dans la combinaison de forces auxiliaires ; 3° de préciser leurs effets en observant la sensation, puis l'impression, pour s'emparer de l'expression, et reproduire ainsi la situation dynamique ; 4° enfin, de préparer de nouveaux équilibres par la mise en marche au pas, et de déterminer ensuite le mouvement auquel l'animal s'était refusé, en recourant sans cesse à l'équilibre des sensations et aux premières bases du dressage jusqu'à ce que le cheval, redevenu calme et soumis, cède à l'entière impulsion des aides.

Les inflexions de voix, les oppositions mesurées des effets croisés des aides, et en dernier ressort l'arrêt pour recourir aux premières bases d'opération et aux mouvements acquis : telles sont les seules répressions nécessaires au cheval qui a été assujetti aux assouplissements et aux principes rationnels du dressage.

Différemment, les répressions des aides sont artificielles, variables selon les influences extérieures ou intérieures qui se déchaînent tour à tour, et qui ont pour conséquence forcée, des déplacements immodérés, ou des répressions arbitraires, etc. : de là, puissance pernicieuse, ou impuissance désastreuse. C'est une lutte incessante, entre les causes physiques et les causes déterminantes, toujours fâcheuse pour les facultés physiques et instinctives de l'animal, et dont le cavalier peut rarement sortir à son avantage. Car la machine sur laquelle il opère a, dès lors, d'étranges caprices, desquels il ne peut être maître que par d'intelligents efforts.

Du moment qu'il est reconnu que les pressions tactiles fixent la sensation, qu'elles les retracent à la mémoire : c'est donc par elle que se fonde l'habitude, et à laquelle nous devons faire appel dans toute circonstance. Les résultats en seront d'autant plus précis que les mouvements seront mieux coordonnés et mieux appropriés aux facultés de l'animal. D'où il résulte aussi que l'action tactile sera d'autant plus directe et fixera d'autant mieux l'entendement que le cheval sera neuf et de race. Mais il n'en est pas moins reconnu que l'action répressive, l'efficacité de combinaison des aides et la concentration des forces auront une supériorité marquée sur l'entendement, quand l'animal se trouvera dominé par l'élément qui unit les centres de gravité, qu'engendre la réduction de la base de sustentation.

Pour que cet état subsiste dès le commencement du dressage, et pour éviter le trouble dans l'entendement, il faut donc maintenir constamment la situation dynamique, et toujours tenir compte des influences extérieures et de la disposition des lieux qui sont autant de causes d'exaltation ou d'affaiblissement physique.

On devra donc répartir le travail en diverses séries de mouvements, celles qui doivent s'exécuter dans des lieux couverts et celles qui peuvent se demander en plein air. De telle sorte que chaque série devienne, tour à tour, le principe de déterminations nouvelles ; que leur répétition fréquente agrandisse de plus en plus le cadre des habitudes, et tende, sans cesse, au perfectionnement de l'entendement tactile de l'animal.

Le travail exécuté en plein air doit donc fournir l'examen, la répétition de celui qui a été exécuté dans le manége. La manœuvre au dehors, en multipliant les sensations extérieures, en diversifiant considérablement les impressions, est d'un effet très-utile ; elle imprime plus d'énergie aux organes et fournit au cavalier une ample matière aux opérations des aides, le tenant constamment en éveil par les sensations qu'éprouve l'animal sous l'influence de tout ce qui l'environne.

ARTICLE X.

De la haute-école.

Notre méthode nous conduit à remonter d'une masse inculte et insoumise aux effets des aides vers une organisation assouplie et mobile, qui, par notre travail de concentration, est devenue l'expression de la volonté intelligente du cavalier.

Le cheval est, dès lors, en état de produire les mouvements les plus variés, par une foule de nouvelles propriétés qui n'existaient que pour certains chevaux et pour un certain nombre de cavaliers privilégiés.

Mais, ces phénomènes, par nos bases de dressage, se représentent à chaque pas, dans chaque mouvement, à chaque allure. Car, sous l'influence de nos principes, toutes les facultés de l'animal subissent la puissance des forces attractives des aides. Tout cavalier, par l'unité d'action que nous enseignons, peut donc obtenir des mouvements spontanés ou continus, des plus variés et sans effort, et, en quelque sorte, par sa seule puissance de volonté.

Mais cette unité d'action doit être bien comprise.

C'est-à-dire, l'unité dans la variété, ou autrement dit, l'action *active-passive* d'un côté, et l'action *passive-active* de l'autre; ou mieux encore : — *impulsion prédominante* du cavalier — *expression naturelle* du cheval. Telle doit être la véritable *interprétation* de l'équitation rationnelle pour observer le fait du *mouvement;* établir son équilibre dans le cerveau et pouvoir se représenter incessamment la sensation, l'impression et l'expression; pour assurer enfin l'accord des pressions tactiles et généraliser ainsi leur puissance d'ensemble qui peut seule conduire à la production des mouvements de haute-école.

A l'unité d'action, indispensable à cette production, vient bientôt s'ajouter la puissance attractive que crée le lien intime des deux centres de gravité. Dès son apparition, la puissance dominante du cavalier existe sans effort: le cheval se rappelle tout, se soumet à toute impulsion; et, graduellement, rapporte les mouvements présents aux sensations antérieures; il cherche à tout comprendre, à tout interpréter, et modifie, par son instinct, ce qui pourrait compromettre son équilibre.

Nous ajouterons cependant que le cheval ne peut, ne doit, généralement, prévoir l'impulsion à venir, qu'autant qu'il reçoit le commencement d'application de cette impulsion. Le cavalier, au contraire, peut et doit prévoir toute opposition avant qu'elle se produise ; enfin, il doit mettre l'animal, par le retour de sensations habituelles, dans l'impossibilité de résister aux impulsions de ses aides.

Nous pouvons donc conclure que la puissance affective des aides est aussi réelle que l'attraction et l'affinité des centres de gravité, mais que ces hautes facultés des deux organisations ne peuvent avoir leur équilibre que dans l'unité d'action et de réaction synthétique des aides devenant tour à tour *actives* et *passives*.

Toutes ces causes sont des liens invisibles qui rattachent l'expression à l'impulsion et communiquent, par celle-ci, plus de valeur à celle-là. L'instinct se soumet, se livre inconscient à ces liens invisibles, à ces mystérieux rapports ; mais le tact du cavalier les perçoit par une faculté particulière qui lui est propre.

Ce travail de coordination, d'unité et d'harmonie, conduit donc de la puissance affective à d'autres facultés attractives, et constitue ce que l'on peut appeler l'action synthétique du tact, qui est la base de la haute-école.

ARTICLE XI.

De l'équilibre hippique.

Il est nécessaire de bien définir ce que l'on doit entendre par *équilibre* en équitation, pour que de fausses interprétations ne puissent fournir d'élément contraire à la libre expression du mouvement de locomotion.

Si nous combattons certaines données actuelles sur l'équilibre hippique, c'est qu'elles sont basées sur des préjugés qui peuvent conduire à entraver l'équilibre des forces transmises et des forces motrices qui doivent rester solidaires.

Nous n'entendons pas nier les effets des aides en ce qu'ils ont de profitable à l'équilibre du cheval. Ce que nous combattons, c'est la fausse interprétation de leurs effets. Lorsqu'on aura mieux compris les lois physiologiques de l'organisme, on reconnaîtra aisément l'illusoire prétention de certaines méthodes à vouloir régir l'équilibre des forces physiques de l'animal.

Tout ce que les aides peuvent faire, c'est d'équilibrer leurs effets pour produire la réduction de la base de sustentation et de s'aider de cette situation dynamique du cheval pour établir l'assimilation des sensations; et, dans une certaine mesure, par la légèreté acquise, déplacer le centre de gravité pour faciliter l'exécution du mouvement.

Mais prétendre répartir les forces et le poids dans de justes proportions serait une aberration.

Laissons à chacun son rôle, et, par conséquent, à la nature le soin de régulariser les forces organiques en raison du mouvement sollicité; ce dont elle s'acquittera à merveille si nous ne venons pas entraver son action par des impulsions anti-harmoniques.

Car, en équitation, équilibre est synonyme d'harmonie. Et, comme il n'y a pas d'harmonie sans forces opposées, plus les forces transmises auront de conformité d'opposition avec les forces motrices, plus elles auront de tendance à l'équilibre, et, par conséquent, d'assimilation harmonique dans l'expression du mouvement.

On peut donc dire que l'action commune et harmonieuse des deux organisations est due à la tendance à l'équilibre entre leurs forces inégales. En effet, l'équilibre des forces égales agissant en sens contraire produirait l'arrêt et la cessation du mouvement. Confondre, par conséquent, les forces contraires avec les forces opposées serait une grave erreur.

L'équitation rationnelle considère donc l'équilibre hippique comme dû à l'équilibre des sensations internes qui luttent pendant un certain temps contre les sensations externes et finissent par se les associer, si elles ne froissent pas l'instinct de conservation. Dès que cette assimilation se fait, le cheval est esclave de l'élément harmonique qui l'unit alors aux forces attractives des aides.

Pour que les sensations externes d'où dérivent les forces impulsives se trouvent complétement associées aux sensations internes qui provoquent les forces motrices, il est nécessaire qu'elles soient limitées en raison de la puissance nerveuse de l'organisme et que l'intensité des forces transmises, déterminées en sens opposé, ait une tendance à l'harmonie générale.

Mais analysons ce qui se passe alors :

Toute puissance des aides, limitée en raison du système nerveux et en prévision du mouvement à obtenir, suscite trois équilibres complexes pour fixer le mouvement. (L'espace de temps de la vibration des nerfs chargés de l'accomplissement de ces phénomènes est inappréciable, mais ils ne s'opèrent pas moins dans l'organisme.)

1° Une force auxiliaire, quelle qu'en soit l'intensité, aboutit à un premier équilibre sous le nom de *sensation*, plus ou moins saisissante et saisissable d'après l'opportunité de cette force et l'état dans lequel se trouve le système nerveux.

2° La sensation envahit le cerveau et se transforme en *perception :* deuxième équilibre qui éclaire la mémoire, l'habitude, l'entendement.

3° Un troisième équilibre est soumis aux forces centrales : la *coordination* qui s'opère dans les lobes du cervelet, et dont l'*expression* est la conséquence : dès lors le mouvement se produit.

Or, il s'ensuit que l'équilibre des forces excentriques des aides et leur pondération dans la combinaison des forces internes et externes, seront l'expression d'équilibre des sensations transmises au cerveau, et le mouvement la représentation exacte des perceptions ; les lois dynamiques des forces organiques et d'équilibre des impressions étant toujours identiques.

Telle est, en peu de mots, la science de l'équilibre hippique. Cette étude corrélative de la combinaison des sensations et de celle du mouvement doit exercer la sagacité des écuyers qui, si érudits et si émérites qu'ils soient, sont exposés à s'égarer, faute d'apprécier l'identité des équilibres hippo-cinésiques.

En résumé, dans les rapports possibles entre une sensation transmise et une sensation à transmettre dans l'ensemble des facultés organiques, c'est l'action favorable de la force excitative qui, s'équilibrant dans les oppositions des forces sensoriales, devient sensation prédominante, puis perception en se fixant dans le cerveau, lequel, nous le savons, généralise toutes les forces à la reproduction du mouvement.

Le mouvement est donc l'expression d'équilibre des facultés cérébrales. Il représente l'unité des sensations attractives et des sensations répulsives qui, s'opposant à d'autres forces intérieures devenues mémoire, habitude, s'équilibrent, s'harmonisent et développent l'entendement tactile de l'homme et de sa monture, du perfectionnement duquel dépend l'exécution des mouvements de haute-école.
— Entre le cavalier et le cheval, il n'y a plus seulement alors les équilibres partiels d'où résultent la *sensation*, l'*impression* et l'*expression*, effets de la mémoire et de l'habitude, il y a encore les équilibres d'ensemble entre les forces transmises et les forces motrices : l'attraction est remplacée par l'affinité ; l'entendement est remplacé par une sorte d'intuition inconsciente ; le mouvement expressif est personnifié dans l'être affectif, d'où résulte une harmonie parfaite dans l'impulsion et l'expression.

C'est ainsi que l'appréciation de l'équilibre hippo-cinésique, rapporté à l'harmonie des forces sensoriales, le ramène à l'unité de perception, comme elle ramène la multiplicité des mouvements de haute-école à l'unité expressive. D'où résulte, par la synthèse de composition des impulsions des aides, l'équilibre des facultés instinctives et des forces organiques de l'animal.

L'équilibre hippique, c'est-à-dire l'harmonie dans les impulsions, les sensations et les forces motrices, ou autrement dit l'unité dans la variété, doit donc être le but de tous les actes de l'équitation rationnelle et l'objet de toutes les recherches de la *cinésie équestre*.

CONCLUSION.

L'art de l'Équitation est un.

C'est ainsi que, par l'étude des lois immuables de la nature, nous avons été amené, en remontant à la notion du mouvement physiologique, — voie la plus utile et la plus féconde aux connaissances hippiques —, à approfondir toutes les importantes questions de la *cinésie équestre*, qui se rattachent à la structure tant intérieure qu'extérieure de l'organisation animale : aux propriétés musculaires, aux fonctions nerveuses, aux phénomènes physiques, physiologiques et psychologiques, à l'enchaînement de ces phénomènes entre eux, à la volonté de l'animal, à la force de l'instinct de conservation, à la puissance de la mémoire et de l'habitude, à la perfectibilité de l'entendement tactile, enfin à l'alliance de la sensation, de l'impression et de la perception qui détermine le mouvement.

Ce qui nous a conduit à définir les principes fondamentaux de l'*équitation rationnelle* qui a pour base tous ces éléments de science, et qui se compose : de la théorie des aides; de la transmission et de la propagation du mouvement auxiliaire; des conditions préparatoires mécaniques de l'organisme animal; des moyens à employer pour faire entrer les deux organisations en association et en communauté d'action; de la production de la station forcée et de la situation dynamique par la réduction de la base de sustentation; de l'organisation des forces impulsives par les effets croisés; de l'utilité de la *remise* de main, à l'allure du pas seulement; du mode de répressions le plus efficace; de la coordination des forces motrices par l'union des centres de gravité; de la confirmation de la pondération mécanique et de la légèreté de l'appareil locomoteur par la *descente* de main ; enfin, comme complément d'unité d'action et d'équilibre entre les forces transmises et les forces motrices, dans la continuité du mouvement hippique, de l'*influence prépondérante des aides du cavalier dans la libre expression des mouvements du cheval.*

Il résulte donc de ce simple exposé que l'équitation à l'état de science pratique n'est point renfermée dans les étroites limites des facultés impulsives du cavalier. Elle a pour domaine la nature entière, et implique à l'écuyer qui l'exerce, et qui ne veut pas se tenir en opposition constante avec les lois de la nature, le devoir primordial, en raison de la supériorité de son organisation, d'employer non-seulement toutes les ressources de ses aides et de son intelligence tactile, mais encore celles de l'entendement tactile de l'animal qui est en communauté d'action directe avec lui.

Aussi, demeurons-nous profondément convaincu qu'en dehors de ces principes rationnels, l'écuyer, comme le cavalier, restera toujours impuissant à diriger sûrement la machine vivante. Il continuera à perdre un temps précieux à se débattre, sans cesse, entre la résistance et l'impulsion ; à lutter, dans l'impuissance, entre deux forces qui s'épuisent ; à sacrifier ainsi les plus belles organisations physiques. — Car c'est en vain que, dans plusieurs méthodes, on a essayé d'introduire des principes d'assouplissement ; de statuer sur la position du *ramener ;* de déterminer les effets d'ensemble, pour obtenir le *rassembler ;* de tracer certaines conditions d'équilibre indispensable à la légèreté ; d'indiquer l'accord des aides dans les mouvements des diverses allures ; de rendre sérieuse la puissance de l'éperon ; de réformer, enfin, certains préceptes introduits par l'ignorance et la routine ; de fonder, en un mot, une école raisonnée, d'après les lois mécaniques de la locomotion.

Tout cela ne peut suffire à l'art de l'équitation et à la réalisation de ces progrès, si difficilement acquis par le manque de principes certains et de vérité méthodique dans les pratiques actuelles. — Il faut, si l'on veut que l'équitation se relève comme science positive et véritablement utile, et qu'elle ne tombe pas davantage dans l'indifférence et le discrédit public, qu'une nouvelle base de conduite soit donnée à ces progrès d'une incontestable valeur, mais évidemment insuffisants, par de sérieuses réformes dans l'interprétation des phénomènes du mouvement physiologique, propres à faire revivre le goût de l'équitation et à conduire, enfin, à une direction rationnelle d'une application générale.

Mais la direction rationnelle, quelle est-elle ?

La direction rationnelle est celle qui, se pénétrant des connaissances du mouvement physiologique, existe en vertu des bases dynamiques d'opération de la *cinésie équestre*, énoncés plus haut, et les observe strictement pour obtenir instantanément l'arrêt à toutes les allures, sans altérer aucun ressort ; c'est celle qui puise sa force dans la coordination des aides à la station forcée et fonctionne sans efforts nuisibles pour les membres à l'aide de la situation dynamique ; c'est celle qui harmonise toutes les forces de l'organisme dans l'union des centres de gravité et imprime à la masse le plus de légèreté possible ; c'est celle qui s'identifie au mécanisme de la machine animale, et embrasse et équilibre le plus grand nombre de facultés physiques et instinctives de l'organisation ; c'est celle, enfin, qui élève ses moyens de conduite au plus haut degré de force synthétique et de tact ; en un mot, c'est le cavalier fait *centaure*.

— Mais, dans ce système, à chacun sa part d'action en raison de son organisation : — *coordination absolue, expression libre ;* alors plus d'antagonisme stérile, plus d'efforts perdus ; toutes puissances concentrées, toutes forces utilisées !

La nouvelle école, pensons-nous, en adoptant cette base de conduite, ne tarderait pas à changer de face. — Elle pourrait enfin épurer ses moyens de direction et perfectionner le mécanisme des aides, si défectueux encore aujourd'hui, qu'il neutralise plus de forces qu'il n'en produit. Elle pourrait enfin donner à l'armée une théorie rationnelle de dressage qui lui serait si nécessaire. Elle pourrait enfin assurer l'équilibre, par l'unité d'action, entre les forces transmises et les forces motrices, où l'harmonisation manque. — Et cela, par l'*influence prédominante des aides* dans la direction et par l'*intégrale et naturelle expression des agents moteurs de la machine animale* dans le mouvement.

Tels sont les derniers termes de l'*équitation rationnelle*.

Pour nous résumer et affirmer le point de vue duquel l'art de l'équitation doit être envisagé, nous reproduirons, en l'appropriant à la cinésie équestre, la parfaite définition de M. Dally sur l'art cinésique qui s'applique identiquement à l'art de l'équitation.

L'art de l'équitation, en tant que rationnel, c'est-à-dire fondé sur l'anatomie et la physiologie, sur la *science de la mécanique de l'organisme vivant*, en un mot sur la science de la vie, est *un*, comme sa base scientifique ; les éléments et les combinaisons du mouvement, c'est-à-dire le système, est également fondé sur l'*unité* organique ; la manière générale de procéder d'après le système, c'est-à-dire la méthode, est *une* aussi. Sans doute la méthode, le système et l'art sont perfectibles comme les sciences auxquelles ils empruntent leurs principes et leur raison ; mais, comme il n'y a pas deux arts d'équitation différents, il n'y a pas non plus deux systèmes, ni deux méthodes différentes. Tout mouvement qui n'est pas scientifiquement déterminé dans sa cause et dans ses effets anatomiques et physiologiques, dans son principe et dans ses conséquences, n'est pas un *mouvement équestre*. Les différences qui peuvent se rencontrer ne sont donc ni dans le système, ni dans la méthode. Elles sont dans les applications particulières.

C'est ici seulement que naissent les différences ; et ces différences ne résultent pas de la doctrine, mais bien du savoir, de l'habileté, en un mot du *tact* du cavalier. De là, en équitation, comme en peinture et en médecine, des différences d'*écoles*, mais non de système et de méthode.

En effet, soit que l'*exercice* s'applique au dressage du cheval de guerre, de course, ou de haute-école, le *mouvement* est toujours également fondé sur les mêmes principes scientifiques ; mais ses séries sont spécifiques, eu égard au résultat à obtenir.

Certes, chaque école, chaque individu peut avoir, outre sa manière, ses classifications spéciales et sa méthode ou ses procédés particuliers : tant de voies différentes, où chacun peut errer à sa guise ! — Mais il y a un système et une méthode primordiale et fondamentale : *la nature*, indépendante de la science de l'homme et que la science de l'écuyer doit incessamment interroger, pénétrer, interpréter et représenter dans chacun de ses actes. C'est là le grand travail cinésique que toute école nouvelle doit entreprendre et chercher à perfectionner.

APPENDICE

OU RÉSUMÉ

DES SÉRIES PROGRESSIVES D'ÉQUITATION RATIONNELLE.

Disons tout d'abord ; 1º que nous ne pouvons que nous répéter dans ce chapitre additionnel qui résume d'une manière très-succincte la progression à suivre dans l'application des principes d'équitation rationnelle ; 2º que les préceptes d'équilibration de forces et de pondération mécanique qu'elle enseigne pour tout mouvement de locomotion (à provoquer, de l'action *passive-active* des forces motrices de l'animal, sous l'impulsion des diverses forces inséparables solidaires des aides du cavalier, également soumises aux mêmes principes d'action *active-passive* ; à l'effet d'obtenir l'unité expressive dans le mouvement de ces diverses forces opposées mises simultanément en jeu) sont toujours les mêmes dans l'exécution des divers mouvements des séries de leçons progressives à fournir pour arriver au prompt et complet dressage du cheval de selle.

Il est impossible de déterminer le temps à donner aux diverses séries progressives et créatrices des rapports corrélatifs des centres de gravité entre eux, d'où naît l'enchaînement des mouvements d'après l'entendement de l'animal et la perception tactile du cavalier ; car le laps de temps, à consacrer à chaque série, dépend naturellement et du savoir de celui-ci et des progrès de conception du cheval.

Nous pouvons affirmer, cependant, que tout *cavalier* qui voudra s'astreindre rigoureusement aux bases d'opération de notre méthode dressera n'importe quel cheval en moins de 30 jours ; à la condition, toutefois, de ne jamais transgresser ce précepte *sine quâ non* qui consiste : *A ne jamais provoquer un mouvement de locomotion, un seul, sans être à même de le circonscrire, de le modifier, ou d'obtenir instantanément l'arrêt à l'état de station forcée.* — Sans cette obligation infranchissable il n'y aurait pas de dressage rationnel possible, ce serait retomber dans les errements actuels où tout est hasard, désordre ; où l'expression du mouvement est livrée à l'influence des agents extérieurs, ou des causes intestines des facultés instinctives de l'animal.

Cela bien compris, et une fois pour toutes adopté, nous rappellerons ici ce que nous disions dans notre Introduction, à savoir : Que, contrairement aux préceptes des méthodes en vigueur, qui se résument à trouver les moyens d'approprier les forces du cheval à une méthode de conduite arrêtée à l'avance, notre système d'application théorique consiste à trouver dans les pressions tactiles du cavalier l'unité d'action locomotrice qui convient le mieux au développement physiologique et psychologique des facultés du cheval. — Que c'est de cet examen connexe, constamment présent à l'esprit, que dépend la conduite du cheval, étude la plus utile, puisqu'elle embrasse directement ou indirectement toutes les connaissances du mouvement dans toutes ses combinaisons et applications possibles ; et cela, en se pénétrant bien que de même que les aides, en agissant, exercent leur action sur le corps qui leur est soumis, elles en reçoivent, en même temps, une du corps sur lequel elles agissent ; qu'elles n'exercent régulièrement leur effet, que moyennant l'intégrale perception de cette réaction. Or, *sentir, et, par suite, déterminer, tel doit être l'état respectif des deux organisations, pour qu'à chaque addition ou combinaison nouvelle, le mouvement s'enchaîne au précédent, et dérive toujours de l'état d'équilibre des sensations transmises.* — Le pas le plus faible dans cette voie sera un progrès. C'est de là que dépendra l'excitation normale du cavalier et l'expression naturelle du mouvement de locomotion.

Nous allons maintenant donner un aperçu de la progression à observer dans les mouvements des *trois* séries d'exercices, à suivre pendant les 30 jours de leçons qui peuvent suffire au dressage du cheval.

1re SÉRIE.

Du travail au pas (*deux séances par jour, chaque séance d'une demi-heure environ*).

1°— De la répétition du travail d'assouplissement (p. 141).
2°— De la *mise* en marche au pas (p. 142), et de l'arrêt (p. 145).
3°— De la *remise* de main (p. 147).
4°— Des divers mouvements à obtenir de la *situation dynamique* (p. 138).
5°— Du *reculer* comme base d'opération (p. 150).

1°—Il est de toute importance de consacrer les dix premières minutes de chaque séance de cette première série de leçons et les dix dernières à la répétition du travail d'assouplissement de pied ferme : flexions de mâchoire; rotations sur les hanches et sur les épaules, etc.

2°—Lorsque le cheval, par ces assouplissements, cède à la moindre pression du mors de bride et du filet; que l'encolure devient liante par suite des diverses flexions; que l'on obtient, des membres également assouplis, par l'effet de la réduction de la base de sustentation, les diverses pirouettes de *pied ferme*, ce qui constitue, comme nous l'avons dit, le travail préparatoire indispensable au dressage du cheval; enfin, quand ces mouvements sont exécutés avec précision à l'aide de la station forcée, on peut mettre le cheval en marche au pas sous l'impulsion simultanée des effets excentriques et concentriques des aides; en cherchant, par l'unité d'action qui surgit de l'attraction réciproque des centres de gravité entre eux, à enchaîner chaque expression de mouvement à cette unité d'action; et, par une concentration soutenue, à rendre chaque pas dépendant de cette attraction qui se développe sous l'impulsion cachée des effets croisés des aides. — De telle sorte, enfin, que cette influence soit toujours maîtresse impulsive et devienne pour l'animal un besoin, un principe qu'il lui soit nécessaire d'éprouver avant de manifester la libre expression de son mouvement. Arrêter, après quelques pas à la station forcée, par un nouvel effet des aides, pour ne pas laisser échapper le lien qui unit l'acte d'ensemble de deux volontés bien distinctes, l'une impulsive, l'autre motrice, en une seule *expression* du mouvement; poursuivre ainsi ce travail d'arrêts et de départs, qui complète la première base d'opérations, tant que les forces respectives sont concentrées, mais ne pas aller au delà de cette mutuelle connexion.

3º — C'est dans la *remise de main*, intermittence de travail nécessaire à de nouvelles aptitudes pour l'entendement tactile du cheval, que le cavalier acquerra de nouvelles forces pour la puissance de concentration. La *remise* de main doit être, en outre, utilisée en une sorte de travail indicatif, *au pas, les rênes flottantes*, de tous les exercices à obtenir de l'unité d'action dans tous les mouvements de locomotion. — Les changements de main, la marche circulaire, les voltes, les demi-voltes forment la série qu'il convient de décider de l'entière liberté d'action du cheval, par indication diagonale, mais seulement *au pas*, et toujours alors les *rênes flottantes*.

4º — Dès que ces mouvements seront suffisamment soumis à l'entendement de l'animal, à l'une et à l'autre main, par indication croisée, le cavalier les exigera successivement de la situation dynamique, qui accroîtra les principes de force, d'équilibre et de légèreté dans l'exécution, où le cheval cédera toujours la libre expression de son mouvement à la puissance de concentration des aides, et à l'unité d'action qui en dérive. — Mais au cavalier à tenir toujours compte de la mémoire, de l'habitude, et, par conséquent, de l'importance de ne jamais passer que du connu à l'inconnu avec la plus grande circonspection ; se réservant incessamment la puissance nécessaire pour obtenir un mouvement acquis et l'arrêt à l'état de situation instable.

5º Pour confirmer dès lors le cheval dans son rôle *passif-actif*, et arriver à la facile exécution de la mise en marche par une parfaite unité d'action, désormais adoptée comme base de conduite, il faut entreprendre ce travail d'assouplissement du reculer, autre base d'opération : il suffit, comme nous le disons (p. 149), de provoquer un ou deux pas rétrogrades réguliers, à l'effet de réaliser (au moment où la machine animale est prête à reprendre sa projection en avant) l'égale répartition de forces et de poids, en s'emparant de cet équilibre au profit de la concentration des forces et de la projection motrice.

En poursuivant ainsi ce travail de pondération mécanique, on ne tardera pas à se rendre compte des progrès rapides qui s'opèrent dans l'entendement tactile de l'animal ; et, nous le répétons, de l'équilibre et de la légèreté qui surgissent de l'unification d'action, lesquels ressortent de la connexité de rapport qui s'établit naturellement entre les centres de gravité ; enfin du développement de tact qu'acquiert le cavalier.

2ᵉ SÉRIE.

Du travail au trot (*également deux séances par jour, chaque séance d'environ une heure*).

1° — Répétition du travail au pas de la 1ʳᵉ série.
2° — Du départ au trot, du reculer (p. 150).
3° — De la *descente* de main (p. 151).
4° — Du travail des deux pistes, au pas, avec toucher de l'éperon (p. 134).
5° — Du travail au trot.

1° — La première demi-heure de chaque séance de cette seconde période du dressage sera employée à répéter les mouvements de la première série de leçons.

Toutes les prescriptions qui viennent d'être faites pour le travail au pas sont identiquement les mêmes à observer dans le travail au trot : mêmes principes pour les départs et les arrêts, mêmes *remises* de main pour reposer le cheval, en répétant toute la série des mouvements au pas, les rênes flottantes.

2° — Il est à observer que le trot doit toujours dériver de la situation dynamique, et que le cheval ne doit jamais être laissé à l'abandon à cette allure. — Enfin, pour confirmer la légèreté et l'équilibre du cheval dans les départs de pied ferme au trot, il faut, de même que pour les départs au pas, les demander du *reculer* : ce qui consiste toujours, nous le répétons, après deux ou trois pas rétrogrades réguliers, profiter, au moment de la cessation du mouvement, de la projection de la masse en avant pour *laisser* le cheval s'embarquer franchement au trot; la main de bride *n'ayant rien à faire* dans ce mouvement de l'enlever du corps, se bornant au rôle *passif-actif;* tandis que les aides inférieures par leur action excentrique-concentrique déterminent le départ à l'allure désirée, et, dans leur puissance de concentration, maintiennent l'unité d'action dans l'allure et la facilité d'obtenir l'arrêt à la station forcée.

3° — Arrivé à ce degré du dressage, le cavalier doit sentir, dans sa puissance de concentration, les moments opportuns où il peut assurer, par la *descente de main*, le cheval dans son équilibre et sa légèreté. — Par cette feinte de concession, sous ce semblant de liberté, le cheval accroît son énergie et abandonne ainsi sa liberté d'action motrice à la force équilibrante des aides qui consolident aisément alors, par leur unité d'action, l'union des centres de gravité.

4° — Les mouvements des deux premières séries, complétées par le travail de *deux pistes*, doivent être, de ce moment, l'objet d'un travail tout spécial, par effets croisés avec toucher de l'éperon, dont l'*action* doit toujours être secondée de l'effet concentrique-excentrique de la rêne opposée à l'éperon, afin d'obtenir le plus de légèreté possible dès que les forces musculaires et les forces impulsives ont une tendance à l'équilibre. — Dans ces exercices de mouvements de deux pistes, d'abord au pas, ensuite au trot, le cavalier ne peut donner trop d'attention à ce que la mâchoire conserve toujours sa mobilité, et à ce que, pour ne pas entraver le mouvement des membres, les épaules précèdent constamment les hanches; enfin, à accorder de temps à autre des demi-*descentes* de main, lorsque l'attraction réciproque des centres de gravité le permet.

5° Cette deuxième série de mouvements comprendra, en outre, la marche circulaire, les voltes et les demi-voltes, au pas et au trot, le cavalier entre-coupant ces exercices (à l'une et à l'autre main) : d'arrêts; de pas rétrogrades; de départs de pied ferme au trot; de *descentes* de main, etc., jusqu'à ce que la moindre pression tactile des aides rappelle ces mouvements à la mémoire de l'animal et que leur exécution soit d'une précision et d'une légèreté parfaites.

Observation. — Si, dans le cours du travail, le cheval était amené à refuser à l'unité impulsive des aides, soit par le fait de causes extérieures qui peuvent porter le trouble dans son entendement, soit par l'imperfection des effets des aides qui peuvent aussi amener la confusion dans les perceptions cérébrales, il suffirait de revenir, comme *moyens de répression* (p. 109), à la première base d'opérations, sans tenir compte des progrès acquis, jusqu'à ce que l'animal, redevenu calme et soumis, cède à l'entière unité d'action des impulsions du cavalier.

Dans toute circonstance ce sera, par conséquent, du concours des forces excentriques des aides au maintien de la situation dynamique

que résultera l'effet désiré, dont l'opération a, non-seulement pour but la recherche d'unité d'action, mais encore, la perception des forces à imprimer pour la manifestation du mouvement à venir, de telle sorte, enfin, que cette unité d'équilibre se maintienne, par la circulation normale de l'agent nerveux dans la production d'électricité, de lumière et de calorique des effets tactiles, répercutée instantanément du cerveau sur tous les points de l'organisme. — C'est donc à réprimer non-seulement le mouvement insurrectionnel qu'il faut tendre, mais encore à ramener l'entendement dans toutes les facultés tactiles, par des effets d'assimilation et de pondération mécanique, en étudiant avec *tact* les facultés particulières de chaque animal, de manière à développer les unes et à ménager les autres à l'aide d'effets appropriés et non identiques pour tous.

3ᵉ SÉRIE.

Du travail au galop.

1° — Répétition du travail des deux premières séries, au pas et au trot, avec *pincer* de l'éperon et effets d'ensemble croisés, — *descentes* de main.
2° — Des départs au galop.
3° — Des prescriptions à observer pour allonger ou ralentir l'allure.
4° — Du passage. — Du piaffer.
5° — Du travail au galop sur les hanches ; changements de pied, etc.

1° — La première partie de chaque séance de cette 3ᵉ série d'exercices devra être consacrée (ainsi que cela doit toujours être pratiqué au début de chaque leçon) à la répétition des mouvements acquis des deux premières séries au pas et au trot, en accentuant les effets croisés par le *pincer* de l'éperon. — L'effet excentrique-concentrique des aides inférieures devra toujours être accompagné de l'effet concentrique-excentrique de la rêne opposée en diagonale et réciproquement. Nous n'admettons pas d'autre effet mécanique des attaques de l'éperon.

Il est impossible de préciser le moment opportun de pratiquer ces petites attaques, par effet croisé, pour accroître l'impressionnabilité qu'endure la sensibilité de l'animal. Cela dépend entièrement du *tact* du cavalier, qui ne doit jamais perdre de vue que l'effet de l'éperon doit accroître les conditions d'équilibre d'actions et de réactions du foyer *passif-actif*, afin de rappeler l'attraction réciproque des centres de gravité et l'unité dans l'impulsion et l'exécution. — Tel cavalier pourra utiliser cette haute puissance d'harmonie des aides dès les premières leçons, tandis que beaucoup d'autres feront bien d'attendre, pour la mettre à profit, qu'ils aient acquis le tact nécessaire pour percevoir la réaction des forces motrices, et s'emparer, de cette réaction instantanée de l'organisme par l'effet de communauté d'action concentrique également instantanée des aides.

2° — Ces conditions d'équilibre et de légèreté acquises, il sera très-facile au cavalier de faire partir le cheval au galop selon les principes qui ont été prescrits pour les départs au trot obtenus du *reculer*. — Il est bien entendu que deux ou trois pas en arrière suffisent ; que le but que l'on se propose dans ce mouvement (nous le disons encore) consiste à s'emparer de l'équilibre dynamique qui s'opère forcément dans l'organisme à la cessation du mouvement rétrograde, pour déterminer, sans efforts, au moment de la projection du centre de gravité en avant, le cheval à s'enlever au galop. Il suffira, pour décider le départ sur tel ou tel pied, de la prédominance de tel ou tel effet croisé avec une simple indication de la rêne du filet ; la main de bride, *dans tous ces départs*, ne devant opposer aucun appui sur les barres. Après deux ou trois temps de galop, arrêter à la situation dynamique, pour reprendre le même système de départ deux ou trois pas plus loin. Entrecouper ce travail de *remises* de main et de mouvements au pas et au trot des séries précédentes.

3° — Quant aux prescriptions à observer pour allonger ou ralentir l'allure, c'est toujours par les mêmes effets de concentration des aides que l'on décidera l'extension musculaire dans les mouvements, qui devront toujours être provoqués par la puissance équilibrante des aides créée par le lien intime des centres de gravité, ce qui ne subsistera qu'autant que l'action *passive-active* des forces motrices se subordonnera à l'action *active-passive* des aides, de manière à maintenir constamment l'équilibre des sensations et la légèreté dans l'allure, et toujours en prévision d'un prompt arrêt que les aides doivent être à même de réaliser sans souffrance pour les extrémités.

4° — Dans ces principes sensitifs et de pondération organique réside la propriété de diriger, par les effets croisés, l'ensemble des facultés motrices, et de déterminer nettement par ces impulsions, auxquelles la machine animale s'associe, l'enlever et l'extension de tel ou tel bipède diagonal : ce travail soutenu conduira le cavalier à exécuter le *passage*.

— En se livrant en place à ce travail d'excitations croisées, le cavalier, après avoir réduit la base de sustentation le plus possible, obtiendra facilement par ces effets *diagonaux* et le soutien de la main, le lever et le poser de chaque bipède diagonal en cadence régulière et gracieuse, ce qui constituera le *piaffer*.

Dans tous ces mouvements acquis, la sensibilité tactile de l'animal (disons-nous à l'article de l'Entendement, p. 62); commence à se plier, pour ainsi dire, sous la sensation qu'elle éprouve à la situation dynamique; elle cède comme pour accroître en quelque sorte la force concentrique qu'elle subit et s'y associer plus aisément; c'est là le premier mouvement expressif. Bientôt à cette concession de la sensibilité succède l'entendement affectif des effets croisés; la sensibilité absorbe dès lors l'impulsion attractive des aides, elle tend à ramener à elle la détermination du mouvement, à s'assimiler l'impulsion, pour ainsi dire.

5° — En résumé, nous pouvons conclure, en nous répétant encore, que c'est de cette puissance invisible de concentration, développée en raison de l'union intime des centres de gravité, qui actionne les nerfs, entretient les impressions et provoque, par mouvements réflexes, les réactions, que l'on obtient l'exécution facile de tous les mouvements au galop sur les hanches, de changements de pied, etc., et que l'on peut arriver ainsi aux mouvements de haute-école.

C'est donc, en dernière analyse, de l'équilibre des sensations diverses qui agissent et réagissent sur le cerveau de l'animal, que s'établit naturellement l'équilibre dynamique des forces organiques; et que l'unité impulsive des aides ramène à elle toutes les perceptions cérébrales, et qu'ainsi elle dispose de l'unité expressive de l'organisme dans le mouvement.

— On devra, par conséquent (ainsi que nous le disons page 156), répartir le travail en diverses séries de mouvements, celles qui doivent s'exécuter dans des lieux couverts, et celles qui peuvent se demander en plein air, et tenir toujours compte des influences extérieures et de la disposition des lieux qui sont autant de causes d'exaltation ou d'affaiblissement physique. De telle sorte que chaque série devienne, tour à tour, le principe de déterminations nouvelles ; que leur répétition fréquente agrandisse de plus en plus le cadre des habitudes, et tende, sans cesse, au perfectionnement de l'entendement de l'animal.

Le travail exécuté en plein air doit fournir l'examen, la répétition de celui qui a été exécuté dans le manége. La manœuvre au dehors, en multipliant les sensations extérieures, en diversifiant considérablement les impressions, est d'un effet très-utile ; elle imprime plus d'énergie aux organes et fournit au cavalier une ample matière aux opérations des aides, le tenant constamment en éveil par les sensations qu'éprouve l'animal sous l'influence de tout ce qui l'environne.

Il est donc important, si l'on veut que l'équitation soit vraiment rationnelle, autant dans ses principes que dans ses méthodes, qu'elle envisage sérieusement tous les agents physiques, physiologiques et psychologiques qui concourent au *mouvement ;* théorie indispensable aux progrès de l'art, que tous n'aperçoivent pas sans doute, mais qui ressort évidemment de l'étude de la nature du cheval à laquelle nous nous sommes livré : étude des plus vastes qui nous a inspiré l'épigraphe de notre avant-propos, épigraphe que nous reproduisons en conclusion finale :

— *Le mouvement embrasse le monde ! — La nature c'est le mouvement !*

— Mais qui sera juge des interprétations diverses et toujours contradictoires données en dehors de la science ? L'avenir, l'expérience et le bon sens. Alors, la science de l'être vivant étant plus avancée, on s'élèvera à la connaissance de ce principe que l'art rationnel de l'équitation consiste à provoquer des facultés psycho-physiologiques du cheval des mouvements cinésiques en rapport avec les propriétés organo-dynamiques, et l'art saura reconnaître, par conséquent, l'action des aides propres à cet effet. Le cavalier, de plus en plus éclairé, à mesure que ces lois viendront se révéler à lui par l'expérimentation de nouveaux équilibres, saura faire la part des systèmes utopiques et de la réalité.

C'est l'équitation de l'avenir.

EXPOSÉ ANALYTIQUE DE CINÉSIE ÉQUESTRE

ou

COMPLÉMENT THÉORIQUE ET PRATIQUE D'ÉQUITATION RATIONNELLE.

PREMIÈRE PARTIE.

RÉSUMÉ THÉORIQUE.

SOMMAIRE : **Considérations préliminaires. — Notions générales des phénomènes du mouvement physiologique. — Indication des erreurs de l'équitation. — Du principe spécial et supérieur du mouvement dans la locomotion. — De la puissance réflexe ou pouvoir de l'habitude. — De l'application générale des lois du mouvement.**

Considérations préliminaires.

J'ai adressé il y a environ un an, au Comité de la *Réunion des officiers*, rue de Bellechasse, à Paris, sous forme de *rapport*, un résumé succinct de *cinésie équestre*, présentant l'importance de l'étude approfondie du *mouvement physiologique* et des notions scientifiques de la psychologie animale comme base fondamentale d'équitation rationnelle. Je mentionnais alors dans ce *mémoire* mon intention de présenter un exposé analytique de cinésie équestre dans la seconde édition de la *Nouvelle étude du cheval*. C'est ce que je viens faire aujourd'hui, en ajoutant à mon précédent examen de nouvelles considérations qui ont pour objet de faire ressortir les erreurs propagées en équitation, ainsi que les moyens d'y remédier, et diverses réflexions sur l'organisation hippique adressées, avec plus ou moins de succès, à quelques écuyers de l'armée les plus en renom.

A une époque où l'idée de méthodes imaginaires, en matière de dressage surtout, s'est substituée dans un si grand nombre d'esprits au sentiment de l'importance de la direction rationnelle dans la conduite du cheval, et après tant de controverses théoriques et pratiques sur tout ce qui se rapporte à l'équitation, j'ai pensé qu'il était utile de démontrer que la véritable solution de l'art de l'équitation reposait sur l'interprétation la plus approfondie de la nature psychologique de l'animal.

Je rappelais, en manière d'introduction, dans ce mémoire que j'ai été assez heureux, je m'empresse de le déclarer, de voir accueillir avec un bienveillant intérêt, que jusqu'à présent il a existé tant de nuages sur tout ce qui touche à l'*entendement* de l'animal, que, même auprès de gens d'ailleurs éclairés, on court risque d'inspirer une sorte d'effroi, rien qu'en prononçant certains mots du domaine de la science. Tel est, à beaucoup d'égards, le mot *psychologie*, dont on se sert pour indiquer l'ensemble des facultés sensoriales ; car on croit généralement que les principes de cette science sont voués, par leur propre nature, à une éternelle obscurité.

S'il en était ainsi, cette conclusion condamnerait l'équitation en particulier à un ballottage continuel entre l'erreur et la vérité, si les découvertes de la science ne s'imposaient par leurs vérités et ne conseillaient à l'homme de cheval d'étudier la nature dans la nature ; de l'interroger sans cesse par l'expérience et par l'observation ; d'entrer le plus profondément possible dans la connaissance des facultés instinctives et de leur coordination cérébrale, jusque-là tout le démontre, beaucoup trop négligée par les écuyers-écrivains.

Les cavaliers qui cherchent l'équitation sérieuse sans base ni principe, ou mieux enchevêtrés dans une foule de principes contradictoires, tombent en général dans deux excès : ou ils sont rebutés par les difficultés qu'ils rencontrent, et leur travail est sans fruit sérieux, ou ils surmontent ces difficultés, et aussitôt qu'ils sont arrivés à un certain degré d'habitude dans l'exercice équestre, ils s'exagèrent alors leur savoir, ne croyant plus à autre chose qu'à leur propre expérience : cavalier stérile ou écuyer incomplet et souvent pernicieux, voilà le résultat où conduit la pratique de l'équitation en dehors d'une appréciation supérieure des phénomènes physiologiques qui constitue la base la mieux appropriée que l'on puisse chercher dans les principes de la conduite du cheval.

Tel est pourtant le résultat fâcheux que nous ont légué les errements des anciennes traditions et les préjugés liés aux intérêts personnels dont les conséquences se perpétueront longtemps encore, parce que le manque de pénétration du public en pareille matière étouffe la raison, et que nul n'aime à convenir qu'il est dans une mauvaise voie, nul n'aime à démentir ses œuvres, ou à renoncer à son omnipotence pour recommencer un apprentissage nouveau. De là la cause principale qui s'oppose aux progrès de l'équitation. Aussi, nous a-t-il fallu une conviction profonde pour chercher à lutter contre le parti pris, une foi bien entière dans l'avenir pour en appeler, malgré tout, au jugement de chacun et particulièrement à l'expérience de tous ceux qui, par leurs études et leurs notions spéciales, peuvent se rendre compte des vérités fondamentales de l'équitation que nous présentons surtout à l'attention des hommes compétents qui voudront bien faire abstraction de leurs préjugés.

Or, il nous a paru plus qu'utile, nécessaire, dans l'état actuel où se trouve l'équitation, d'entreprendre un examen approfondi de tous les phénomènes physiologiques et psychologiques qui s'opèrent dans la locomotion ; de définir, en partie, ceux de la *sensibilité* tactile, ou *perception* tactile, de démontrer qu'ils se rapportent à la grande variété des autres perceptions relatives aux organes des sens ; de constater enfin la véritable action des *aides* sur l'organisme animal, et d'exposer, en un mot, les principes théoriques et pratiques de l'équitation rationnelle qui démontrent que le cheval est une machine vivante, mais non automatique, que l'on ne peut faire manœuvrer par la statique et la dynamique sans la connaissance des lois psycho-physiologiques.

En tout cela il a y donc un problème de principe que le passé n'a pas abordé, qui entrave le progrès et que nous nous sommes efforcé à résoudre. C'est le principe du mouvement physiologique dans la locomotion, loi primordiale en équitation et dont les phénomènes déterminés opposent leur rigidité d'exécution aux procédés purement méthodiques et commandent d'avance aux règles de l'exercice du cheval.

Or, la cinésie équestre, ayant pour fondement les phénomènes constatés par la physiologie, a pour but non-seulement de fixer pour le présent les lois, les principes, les procédés de conduite de l'équitation en général, mais de définir l'*exercice équestre rationnel* de telle sorte que l'art, soumis à des bases scientifiques, soit façonné et modelé par elles.

Il n'y a certes pas de cavalier intelligent si fort entiché de son savoir équestre, qui ne se souhaite plus de science pratique, tout en ignorant le plus souvent en quoi elle consiste. Ceux qui ont une plus grande dose de *tact* et de connaissances en équitation ne sont pas exempts de ce désir ; ce sont eux au contraire qui aspirent, croyons-nous, avec plus d'ardeur à un savoir supérieur à celui qu'ils possèdent.

Contrairement donc aux dires de certains esprits tourmentés, *qui voient l'équitation sérieuse sinon morte du moins gravement malade et l'avenir appartenir aux faiseurs, aux casse-cou, etc.*, nous ne la voyons, nous, que mal interprétée et nous nous sommes proposé de faire servir la science à définir les véritables principes physiologiques qui lui sont nécessaires, les seuls qui puissent lui fournir les moyens rationnels de dressage. Car la raison vient démontrer ce que le *sentiment général* acceptait jadis aveuglément : l'on ne voit pas pourquoi et par quelle puissance les *convictions* ne succéderaient pas à de *simples hypothèses*.

Il s'agirait donc d'une rénovation générale autant dans les principes que dans les méthodes d'équitation, du moment que la base primordiale de cette science n'a pas été étudiée, ni interprétée dans aucune école.

Cette assertion émanant d'un ancien écuyer aujourd'hui inconnu pourra, je n'en doute pas, paraître prétentieuse ; mais le lecteur qui ne verrait dans tout cela qu'une question d'amour-propre jugerait bien mal l'auteur qui, du fond de sa retraite, animé par l'esprit du bien, n'a pour unique mobile que le désir d'en appeler au jugement d'hommes compétents et non prévenus.

Ce qui importe au public, ce ne sont pas les personnalités, mais bien les résultats de la discussion des principes et des procédés méthodiques, et surtout les témoignages de l'expérience, afin que la vérité soit une fois mise en lumière.

L'équitation peut subir de grandes épreuves, le faux savoir peut lui porter des coups redoutables, les écuyers-professeurs peuvent être quelquefois au-dessous de leur tâche et mal interpréter leur mission ; mais les principes physiologiques sont là, et, lorsque l'art sera assez ballotté entre l'erreur et la vérité, les lois du *mouvement* de locomotion s'imposeront forcément, dans leur application, des vérités rationnelles, pour établir sur des bases certaines les éléments du progrès de l'art hippique.

Nous avons employé pour démontrer cette vérité une théorie scientifique et les moyens fournis par l'expérience, c'est-à-dire, en un mot, que nos démonstrations sont essentiellement rationnelles.

C'est donc sur les bases fondamentales de la science, c'est sur les fondements du principe du mouvement physiologique que nous avons traité la question de rénovation de l'art dans le cours de cet ouvrage et que nous allons la résumer dans les examens qui vont suivre.

Notions générales des phénomènes du mouvement physiologique. — Avant de chercher à comprendre les effets de *l'action tactile* des aides du cavalier, que nous résumerons plus loin, agissant sur l'organisation tactile animale, la bonne logique conseille d'examiner les divers phénomènes du mouvement physiologique.

Or, en prenant, comme on dit, la nature sur le fait, on se trouve tout d'abord en présence de deux grandes fonctions qui caractérisent la machine vivante : la *sensibilité* et le *mouvement*, pour les étudier non-seulement en eux-mêmes et dans leur mutuelle connexion, mais encore dans leurs manifestations respectives sous l'influence des agents de toute nature, et principalement par suite des effets des aides sur le corps de l'animal.

Tout le monde sait que les muscles, pénétrés par de petits filets nerveux destinés à lier les mouvements musculaires à la sensibilité tactile générale, sont les organes du mouvement, lequel s'effectue en vertu de la propriété *contractile* que possèdent les fibres charnues sous l'influence des *nerfs*, lesquelles donnent l'impulsion. C'est en effet par les nerfs qu'une correspondance intime existe entre tous les organes, et que l'harmonie, maintenue entre les fonctions locomotrices, fait tout concourir à l'expression du mouvement : dans l'action musculaire interviennent donc deux espèces d'organes.

Ce qu'il importait surtout de bien constater, c'est que les nerfs *sensitifs* transmettent les impressions qu'ils reçoivent au cerveau, duquel partent les nerfs *moteurs* qui engendrent le mouvement. Il y a donc un siége où s'opère le changement de la sensibilité primitive en sensation, et c'est là que s'opère le phénomène mystérieux et complexe de la *sensation* en *perception* réelle et de la *volition* ou *expression* du mouvement.

La *sensibilité* serait donc la faculté que possèdent les pulpes nerveuses de recevoir des impressions, lesquelles sont transmises au cerveau, organe spécial des sensations qui les élabore, les combine, les transforme en mouvement. La rapidité avec laquelle sont portées au cerveau les impressions reçues par les organes de la sensibilité, et la rapidité non moins grande avec laquelle les déterminations de la volonté, partant du cerveau, se transmettent aux organes locomoteurs font supposer, dans les nerfs, soit dit en passant, l'existence d'un agent fort analogue, sinon semblable à l'électricité.

Le principe de l'action cérébrale est donc un fait de premier ordre à envisager dans la locomotion, car il est le seul qui nous montre le principe du mouvement et l'unité d'action locomotrice.

Ainsi, nos écuyers-écrivains ne paraissent pas avoir compris qu'en délaissant l'étude des phénomènes du mouvement physiologique parfaitement accessible à l'expérience, ils se créaient des embarras inouïs et des erreurs inévitables tout en anéantissant l'essor d'une direction rationnelle et en perpétuant le mal qu'ils voulaient éviter.

« Il y a quelque chose de bien étonnant dans l'esprit humain, si perspi-
« cace et si aveugle! dit M. Dally, que nous ne pouvons trop citer; nous
« le voyons s'éprendre, étudier, scruter, analyser ; rien n'a échappé à sa vue,
« si ce n'est un point : tout justement le plus important, le plus clair, le
« plus visible ! »

Ce point, négligé en équitation, ne serait-il pas la base elle-même de cette science ? La base première n'a-t-elle pas quelque chose de faux, d'incomplet qui vicie et neutralise à l'avance les applications que la nouvelle école s'est efforcée d'introduire ?

« Malheureusement, ainsi que le dit le baron de Cormieu, nos écuyers-
« écrivains ne veulent accorder aucune des concessions réclamées par telle
« ou telle spécialité autre que la leur. De là des entraves apportées aux
« progrès. Le public, la foule ignorante, voyant les maîtres se quereller, a ri
« des dissentiments, a appris des uns à mépriser les autres, a cru pouvoir
« se passer de tous, et une routine aveugle a remplacé l'étude et le savoir. »

C'est donc à la persuasion par les faits, substituée à l'affirmation sans base, à laquelle il faut recourir pour que chacun puisse se convaincre des vérités fondamentales du mouvement de locomotion si éminemment utiles à connaître à tous les points de vue de l'équitation. Mais, pour les constater nettement, il faut précisément être en possession du *principe* du centre d'action de l'organisme, ce centre *passif-actif* qui reçoit, perçoit et fond en un tout les impressions tactiles si nombreuses et si variées des sens, pour les réfléchir en un seul sentiment instinctif de conservation.

La science, heureusement, est assez avancée pour nous prêter une lumière propre à éclairer les mystères de l'*action tactile* des effets des aides sur l'appareil tactile *encéphalo-rachidien*, comme on le nomme. C'est grâce à ces données de la science que le lecteur peut nous suivre dans les considérations et les conséquences que comportent les maximes de la cinésie équestre.

Avant de résumer, du point de vue de ces recherches, les divers fondements du principe du mouvement de locomotion, je tiens à dire, ou plutôt à répéter, que de ce point de vue précisément, ces vérités fondamentales ont une importance extrême en équitation, ainsi que cela a été longuement établi dans le cours de cet ouvrage. Mais la discussion même de ce fait aura son utilité, ou plutôt sa nécessité. Détruire une erreur ou dissiper des préjugés et des prétentions, c'est encore rendre service à l'équitation.

Indication des erreurs de l'équitation. — On envisagera sans doute comme une grande témérité de notre part d'aborder un sujet négligé par les sommités de l'art de l'équitation, et d'avoir la prétention de démontrer qu'elles ont fait consister la science proprement dite, non dans une notion nette et précise des principes de la locomotion, mais dans la simple connaissance des mots et du jeu assignée, au point de vue de la statique et de la dynamique, à chacune des pièces osseuses dont la mécanique animale se compose. Mais devant les résultats des procédés méthodiques engendrés en dehors de l'étude des principes dynamiques parfaitement conforme à la nature de l'animal envisagée sous ses divers aspects, il est évident que ces résultats disent assez qu'il y a en équitation des principes d'équilibre ou d'harmonie dans l'application des effets des aides et d'unité dans l'impulsion, d'un ordre supérieur méconnus qui ne se trouvent nulle part ailleurs que dans l'interprétation du *mouvement physiologique* dans la locomotion.

Les contradictions et les erreurs fourmillent dans nos livres d'équitation, où les lois de la locomotion, exposées par fragments isolés selon l'allure, semblent admettre dans leurs principes pratiques autant de divisions et de subdivisions différentes qu'il convient d'en introduire dans tant de méthodes arbitraires.

L'erreur capitale de l'équitation, qui a enfanté ces classifications et ces nomenclatures, provient de ce que la plupart des écuyers-écrivains ont cru que la transformation de l'action nerveuse en contractilité musculaire pouvait être produite par un simple effet du contact des aides, sans l'intervention indispensable des fonctions cérébrales, tandis que, ainsi que la science le démontre, le phénomène est tout autre.

On ne conçoit pas que des écuyers instruits aient admis, de notre temps, une pareille hypothèse. Les théories sur les fonctions et l'unité du système nerveux sont cependant assez répandues ; mais il est plus commode d'accepter et de répéter ce qui est adopté que d'étudier et de se rendre compte par soi-même.

Il ne faut donc point recourir, d'après la science, à l'existence dans l'organisme de siéges spéciaux pour chaque faculté de sentir, *ni prétendre faire vibrer les muscles comme les cordes d'un instrument*, ainsi que l'ont prétendu des hommes de véritable talent.

Les écuyers qui professent, relativement aux mouvements de locomotion, les doctrines que nous combattons, ont été certainement victimes d'erreurs capitales de déduction ; jugeant par l'apparence de l'*expression* du mouvement et prenant l'*évidence* pour la réalité.

Parce qu'ils ont *vu* qu'en attaquant tel ou tel muscle, on obtenait le lever de tel ou tel membre, etc., ils ont conclu que les aides pouvaient agir directement sur les centres nerveux musculaires. La forte conviction que leur donnait l'*évidence* des faits les empêchait de remarquer la fausseté de leur déduction. On observe un fait, dix, vingt, on constate leur identité, on en déduit une loi, une théorie fausse, car les phénomènes n'étaient pas réels.

Nous insistons sur ces considérations parce que d'elles ressort la constatation des préjugés que nous croyons avoir reconnus dans les principes de l'équitation actuelle qui n'a en vue que le fonctionnement des organes passifs de la locomotion dont les lois mécaniques sont pour elle le point essentiel.

Ainsi, attribuant, sans plus de réflexion, au principe de la sensibilité extérieure tout mouvement de locomotion provoqué par une stimulation, un contact, un choc, et voyant l'animal exécuter ces mouvements ainsi provoqués, ils ont conclu de là que la sensibilité extérieure, aussi bien la sensibilité organique, ne tient pas tout du cerveau, que le système nerveux musculaire y peut suffire, et ils ont rattaché cette belle théorie à un mot qui a fait fortune, comme tous les mots qui, dans un sens louche, disent tout ce qu'on veut leur faire dire, le mot *rassembler*.

Mais tant qu'on ignorait, ou que l'on ne tenait pas compte du principe du mouvement physiologique, il était impossible d'en tirer les lois fondamentales de la locomotion et de la puissance motrice sans lesquelles on ne peut établir sûrement la base de l'équitation en général et du *rassembler* en particulier.

L'étude de ces lois ne nous semble donc pas avoir été entreprise au point de vue où nous nous sommes placé pour examiner les phénomènes physiologiques et psychologiques qui se produisent dans la locomotion auxquels nous venons de faire allusion.

Cependant le sujet est plein d'intérêt, et son utilité pratique le rend nécessaire, car, nous le répétons, les lois de l'équilibre hippique ne sont pas celles de la statique, et la vérité fondamentale de l'équitation, qui est l'expression du mouvement dynamique des facultés instinctives de l'animal, ne saurait être assez prouvée, assez ratifiée par les données de la science même analysées dans notre livre.

C'est ainsi également que, par suite d'un travail d'investigation physiologique, il enseigne, qu'en outre d'une action générale des effets des aides sur l'organisation, le cavalier peut insinuer une à une à l'instinct ou plutôt à l'entendement tactile de l'animal, les sensations propres à l'exécution du mouvement, et se rendre compte, indépendamment des altérations physiques que subit l'organisme, des perturbations qui affectent les facultés instinctives, dans la généralité des faits d'abus de force.

Ces perturbations consistent généralement dans l'exaltation des facultés cérébrales produites par le délire de la douleur que déterminent les *saccades*, d'où résulte l'égarement de la mémoire et parfois l'éclipse totale de la conscience sentante de l'instinct de conservation !

Tels sont les résultats de l'ignorance de ces faits qui amène forcément les répressions arbitraires, si communément adoptées; de là, tant de chutes fâcheuses et de chevaux rendus rétifs, car pendant l'état anormal de surexcitation des facultés, des altérations se produisent dans le cerveau qui laissent des traces ineffaçables dans la mémoire et égarent l'entendement.

Nous n'avons pas à discuter ici les théories routinières et les moyens empiriques qui s'abritent sous les errements du passé, ou sur les exagérations des innovations nouvelles, il nous suffit d'en retracer les dangers.

La déduction incontestable de tout cela, c'est que l'excitation tactile des aides agit directement sur les facultés cérébrales, et que cela nous suffit pour en déduire les conséquences physiologiques et psychologiques que la *cinésie équestre* établit comme base de la science rationnelle de l'équitation opposée à l'art automatique actuel dans la conduite du cheval.

L'étude de ces principes entraîne, en outre, avec elle, deux conséquences : l'une si claire et si évidente, que le cavalier ne peut douter de leur vérité, lorsqu'il s'applique avec attention à les considérer ; l'autre que c'est d'eux que dépend la connaissance rationnelle des propriétés tactiles des effets des *aides*. Enfin, cette étude conduit à déduire aisément de ces principes la conséquence des résultats qui en dépendent, qu'il n'y a rien dans la pratique des déductions qu'on en fait qui ne soit très-manifeste.

Ces considérations ont donc un objet essentiellement hippique, puisqu'elles ont pour but la démonstration *scientifique*, ou, si on aime mieux, *rationnelle* de phénomènes psycho-physiologiques qui se produisent dans la conduite du cheval, destinées à redresser de fausses interprétations des lois de la locomotion, et les préjugés dans lesquels sont tombés des hommes d'un mérite reconnu, erreurs capitales échappées à l'expérience, au grand préjudice de l'équitation, de la sécurité du cavalier et de la conservation du cheval.

Parmi les écuyers-écrivains, en effet, qui se sont occupés d'une manière plus ou moins directe et personnelle du dressage du cheval, il en est fort peu qui aient donné à leurs définitions une précision qui témoigne de la netteté de leurs idées physiologiques. Un des novateurs, un des pères en quelque sorte de la théorie de l'*équilibre hippique*, Baucher, lui-même, pour ne parler que de lui, a donné l'exemple de cette indécision et de ces vicieuses interprétations des lois de la locomotion.

Oui, l'équitation s'est égarée, surtout en voyant le principe de la puissance motrice partout dans le corps, dans les nerfs, dans les muscles ; en voyant dans l'art de l'écuyer le talent de répartir dans une juste mesure les forces et le poids. Voyons, nous le demandons, est-ce que cela est possible d'après les données de la science ? Est-ce seulement concevable ? Ces contradictions dans les résultats apparents ne témoignent-elles pas assez clairement contre les doctrines généralement émises et acceptées ? Ce qu'il fallait voir, c'est que l'impulsion tactile des aides, comme toute excitation, actionne le principe moteur qui réside partout ailleurs que dans le corps, et que dans le cerveau seulement elle rencontre la puissance distributive de force et de poids qui crée l'équilibre normal entre les forces opposées à l'encontre des plus savantes combinaisons d'équilibre mécanique qu'il faut écarter, non comme insuffisantes, mais comme impossibles. Ce qu'il fallait voir enfin, c'est que l'écuyer ne peut seconder la mécanique que par la réduction de la base de sustentation et le déplacement de son centre de gravité, et, à l'aide de la légèreté de l'appareil locomoteur, — si l'équilibre des sensations continue à se maintenir entre les forces *concentriques* et *excentriques*, autrement dit *passives-actives* et *actives-passives* par lesquelles l'équilibre hippique se constitue, — faire appel aux mouvements acquis, dits *réflexes*, dont nous parlerons plus loin.

Voilà ce qu'il fallait voir, voilà ce qu'il fallait constater : le véritable siége du principe du mouvement de locomotion.

Les indications qui précèdent expliquent suffisamment, pensons-nous, la fausse interprétation du *mouvement* dans l'art de l'équitation, sans qu'il soit nécessaire d'entrer dans des faits et des détails spéciaux et même personnels qui abondent et que nous voulons laisser de côté dans une question ainsi bien tranchée par la science.

On peut donc dire avec certitude que le principe du mouvement de locomotion réside tout entier dans l'élément nerveux ; que par conséquent l'action dynamique, ou propriété de transmission de forces, réside au cerveau : que *sensation* et *mouvement* sont matière, sont des dérivés de manifestations de l'instinct, car la *perception* des sensations, la *sensibilité* tactile, l'*expression* du mouvement, tout cela, chez l'animal, n'est que *matière*, n'est qu'élément de force sous la puissance des attributs psychologiques.

Mais cela n'autorise pas à considérer l'instinct de l'animal comme la seule conséquence de la richesse de l'organisation. Le cheval, comme tous les animaux d'un ordre supérieur, a de la mémoire, du jugement. Il a des idées, il les rapproche et les compare avec plus ou moins de justesse; mais s'il juge, il ne raisonne pas.

Toutefois, l'instinct, chez l'animal, et pour cette raison même qu'il ne raisonne pas, est un guide infaillible, parce que, continuellement soumis aux déterminations de la cause première du mouvement (la conservation), il s'harmonise constamment avec elle.

Voilà des faits qu'il importait de constater et qui s'offrent sans cesse à l'observation de l'écuyer ; des faits qui lui sont indispensables à envisager pour concevoir, apprécier et diriger sûrement tous les mouvements de locomotion du cheval.

Du principe spécial et supérieur du mouvement dans la locomotion. — Les notions précises que nous donnons de ce grand phénomène dans notre étude, et que nous venons résumer ici, constatent que le principe supérieur du mouvement physiologique n'est autre que la manifestation de l'*instinct, puissance* (cervicale) *spéciale* de tous les phénomènes du mouvement dans la locomotion.

Les travaux soit anatomiques, soit physiologiques, entrepris, dans ces derniers temps surtout, pour distinguer dans le système nerveux musculaire le centre d'excitation affecté plus particulièrement à la sensation, au mouvement, n'ont fait que confirmer cette assertion qui se rattache évidemment aux faits généraux de l'excitation motrice en équitation.

« Dans un ensemble, comme la mécanique animale, dit M. Dally, où tout
« fonctionne et agit en une si complète harmonie, on peut bien préjuger de
« l'unité d'instrument à l'unité de principe. Ce principe, ce n'est pas la
« force vitale qui n'est qu'un mot. C'est encore moins l'organisme vivant,
« dont l'activité n'est point une activité qui se sente. Il ne reste en dehors
« de cet organisme et de cette activité, qu'un principe qui ne soit pas
« seulement *actif*, mais qui soit essentiellement *sentant* : c'est l'*instinct*. »

C'est ce *principe* qui est en première cause, dans tous les mouvements de locomotion, le *fait*, comme on voudra l'appeler, du passage de la perception au mouvement ; le fait de l'impression tactile instinctive à l'excitabilité motrice.

En effet, l'harmonie qui existe évidemment dans l'organisation aussi bien que dans l'organisme, suppose l'unité d'impulsion par rapport aux sensations infiniment variées de la tactilité, ce qui ne saurait être, s'il y avait dans l'organisme divers principes d'action tout à fait indépendants les uns des autres.

L'*instinct* est donc le principe animateur et directeur de l'animalité, cette *âme*, si l'on peut s'exprimer ainsi, qui descend plus ou moins dans les profondeurs des organes, suivant leurs sensations de bien-être ou de souffrance ; tantôt remontant de ces profondeurs, tantôt y descendant, mais le faisant toujours dans l'intérêt conservateur.

Il faut donc attribuer tous les actes du mouvement de locomotion, soit partiel, soit d'ensemble, aux phénomènes de la sensibilité tactile, et reconnaître l'instinct de conservation comme le principe dispensateur de tout mouvement. Faire le contraire, ce serait attribuer une puissance indépendante aux ressorts de la mécanique, et l'on sait où cela peut conduire, ni plus ni moins qu'à renverser les lois du mouvement physiologique, de l'entendement et de la volonté.

Toutefois, il faut reconnaître aussi que les conditions organiques de la sensibilité tombent forcément dans le domaine de la tactilité, et que si les ramuscules nerveux sont les instruments de ces impressions, de ces stimulations dont nous venons de parler, il y a, dans l'organisme vivant, un ensemble de mouvements, de combinaisons, de réactions qui s'exécutent par le fait même de la vitalité organique et sans que la volonté de l'animal paraisse avoir la moindre part ; mais il faut admettre que les fonctions cérébrales maintiennent l'ordre, la régularité, l'harmonie dans les mouvements.

Il y a d'abord, et surtout, les nerfs de la sensibilité, répandus, pour tout ce qui est du tact proprement dit, dans toutes les parties du corps, qui doivent être considérés comme moyens de communication soit entre les organes comme point de départ des impressions des sens, soit entre ces mêmes organes et le centre de perception ; mais, en donnant la clef même de ces phénomènes si utiles à envisager, on met en relief, avec la plus haute évidence, la distinction même des faits de l'organisme et ceux de l'organisation.

Ainsi, l'impression excitatrice, nous le savons, pénètre au cerveau au moyen des houppes et ramilles nerveuses, sous forme d'électricité, de lumière et de calorique, et détermine, de l'ensemble des sensations internes, ce qu'on appelle l'*impulsion*. Ces éléments de forces physiques, — électricité, lumière et calorique, — causes ou effets des fonctions organiques, stimulent l'impulsion en raison de l'action des *agents* excitateurs et du degré de sensibilité et de la nature propre de l'organe sur lequel ils agissent plus spécialement ; il est à remarquer que les yeux étant ouverts ou fermés, la puissance directrice est libre d'agir ou de ne pas agir.

L'impression excitatrice pénètre par les oreilles sous forme de vibrations sonores d'électricité, de lumière et de calorique ; elle pénètre par l'odorat sous formes d'émanations moléculaires s'imprégnant des modifications éthérées d'électricité, de lumière et de calorique. Elle pénètre par la nutrition sous forme de matière ayant des réactions déterminées d'électricité, de lumière et de calorique; elle pénètre par la respiration; elle pénètre par le froid et la chaleur; elle pénètre par mille contacts, de toute part, selon les hasards des circonstances et toujours sous forme plus ou moins déterminée d'électricité, de lumière et de calorique; toutes ces causes de mouvement ont des réactions obligées dans les phénomènes physiologiques de l'organisme, et pourtant le principe spécial et supérieur de l'organisation dispose à son gré de ces réactions et est libre d'agir ou de ne pas agir.

Ajoutons aux considérations précédentes, qu'une infinité de résultats obtenus par la science tendent à établir que la lumière, l'électricité, le calorique, le magnétisme, ne sont que des modifications diverses d'une même substance; l'éther, substance universelle à laquelle sont imprimés, suivant les circonstances de proportion, de concordance et d'harmonie entre chacune de ces causes, des mouvements vibratoires et ondulatoires dont l'intensité, affectant diversement les organes, produit des effets déterminés.

Il est inutile d'entrer ici dans des détails qui nous conduiraient au delà des limites que nous avons dû nous prescrire. Il faut donc admettre l'existence de cet autre principe organisateur qui agit sur la matière et s'approprie ses éléments, qui coordonne, combine, distribue et emploie à l'évolution de la machine vivante les forces existantes selon les conditions physiques de l'organisation qu'il nous est impossible d'approfondir. Assurément ce n'est pas par les procédés de l'équitation actuelle, telle qu'on la conçoit dans le dressage et dans l'emploi des effets des aides communément admis, ni par aucune des lois imaginées de la locomotion, qu'on parviendra jamais à expliquer les phénomènes de ce genre si important cependant à envisager.

Il intervient donc autre chose dans le mouvement de locomotion que la force elle-même qui est absolument dans l'impossibilité d'agir volontairement. Il y a donc un pouvoir supérieur de direction exercée sur la force. L'action nerveuse, il est vrai, par une réaction physiologique déterminée de la moelle épinière produit un effet, un enchaînement d'effets voulus, inévitables, sur les muscles qui ne sont plus en rapport direct avec le cerveau; mais le cerveau garde sa puissance, le mouvement peut être empêché par lui ou même déterminé dans un sens contraire à cette réaction.

L'instinct a donc prise sur le corps et le tient attaché par ses impressions, ses impulsions, sa volonté même qui ordonne les mouvements, enfin, par ce phénomène si remarquable dans la locomotion qui se fait en quelque sorte automatiquement, c'est-à-dire sans conscience, par suite de la *puissance réflexe*.

De l'influence réflexe du pouvoir de l'habitude. —

Ainsi, dans le mouvement de locomotion, il y a quelque chose de plus que les phénomènes physiologiques résultats immédiats et complexes des fonctions cérébrales ou de la manifestation directe de la force instinctive.

Il y a une autre chose plus remarquable, plus complexe encore, s'il est possible, c'est la faculté motrice tellement inhérente aux mouvements de locomotion sur lesquels elle s'exerce, que l'organisme paraît et peut, en effet, répondre à la puissance impulsive sans que l'impulsion paraisse être matériellement *sentie*. C'est cette distinction entre la perceptibilité du tact et la faculté de se mouvoir en dehors, en quelque sorte, de l'impulsion qui caractérise la puissance réflexe ou *pouvoir de l'habitude*, autre force intime qui anime, dirige, etc., et se trouve parfaitement accessible à l'observation dans les mouvements de haute école surtout.

A l'appui de cet argument, et comme sa vérification, on constate ce fait, tiré des facultés de l'entendement et de la volonté, que l'habitude dans les actes de la locomotion finit par produire des mouvements automatiques en dehors, pour ainsi dire, de la sensibilité organique. Des mouvements de locomotion, soit naturels, soit artificiels, qui d'abord ne s'étaient produits que par le fait de l'attention et de la volonté, finissent par se produire en dehors d'elles, d'une manière toute machinale et ne s'en accomplissant que mieux. Pour donner une idée de ce phénomène, nous résumons ici ce que nous avons formulé ailleurs :

Par une réaction vitale instinctive des nerfs sensitifs sur les nerfs moteurs s'opèrent les mouvements dits *réflexes* auxquels nous faisons allusion, mouvements dont la nature ou le caractère, si l'on peut s'exprimer ainsi, participe de la nature et du caractère des impressions qui les ont produits antérieurement ; et comme ces impressions étaient le fait de sensations empreintes dans le cerveau, ce sont les nerfs excitateurs des muscles qui sont mis en jeu par la souvenance et rendent le mouvement réflexe qui en résulte.

De tout ce que nous venons de dire, il résulterait que les facultés cérébrales restent impressionnées, affectées, et que si elles agissent par les sensations tactiles d'après l'influence des agents extérieurs qui les font agir, elles peuvent aussi agir et fonctionner par le souvenir d'impressions antérieures ; et par quoi et comment seraient-elles autrement stimulées ?

Elles agissent donc sur les impressions, sur les perceptions ; leur nature matérielle l'exige. Elles sont donc destinées à sentir, à percevoir les impressions de la matière. Elles fonctionnent donc d'après le souvenir de mouvements passés à l'état d'habitude, et aussi d'après des perceptions d'impressions réflexes internes qui ne leur font jamais défaut, car l'action végétative de l'instinct, toujours en travail, préside à tout et réglemente sans cesse l'expression du mouvement de locomotion.

Ce serait encore ici le lieu d'examiner la diversité des mouvements de vibration et d'ondulation imprimés à l'éther qui, tantôt libre, tantôt combiné dans la matière, coordonnerait l'élément de forces vives selon les causes de leur variété et de l'état de la nature des substances intimes du corps, des organes, et surtout des sens, instruments d'un principe supérieur à la matière ; mais que le mouvement soit cause ou effet, toujours est-il que les phénomènes d'électricité, de lumière et de calorique s'y manifestent sous des aspects évidents et variés. Cela ne peut être contesté que par des personnes qui prennent sérieusement leurs connaissances très-bornées pour les limites du possible. Rien dans la nature ne se produit si ce n'est en vertu d'une loi générale.

Quoi qu'il en soit, toutes ces nouvelles considérations pourront avoir pour résultat de mieux faire saisir la nature de l'animal et la portée des conséquences du mouvement physiologique dans l'interprétation rationnelle des lois de la locomotion.

Théorie générale des lois du mouvement en équitation. — Nous avons tâché, et nous croyons y être parvenu, de démontrer d'une manière désormais irrécusable que, dans l'ensemble des phénomènes du mouvement, l'action tactile partielle ou d'ensemble des effets des aides, ne pourrait stimuler le système nerveux musculaire sans atteindre, sans affecter le centre cérébral dont la sensibilité tactile ou faculté de sentir est en première cause : d'où cette conclusion que tous les mouvements de locomotion ne sont que des phénomènes dus à l'intervention essentielle du cerveau.

De cette démonstration capitale sont sortis les principes théoriques et pratiques de la *nouvelle étude du cheval* que nous présentons comme le cadre complet de toute équitation rationnelle, d'où il résulte que tout ce qui concerne l'équitation dérive d'une science exacte : la *science du mouvement*, et d'une application raisonnée : la *cinésie équestre*.

Or, la cinésie équestre a ses racines dans les faits physiologiques ; elle n'est, il est vrai, qu'un *agent* supérieur d'impulsion sur les facultés organiques auxquelles elle s'associe et dont elle utilise la puissance et la direction ; mais elle est la théorie expressive du fonctionnement bien combiné de l'état psycho-physiologique de l'organisme animal : fruit de l'expérience et de l'étude des phénomènes de l'organisation, elle enseigne les causes d'équilibre physiologique qui favorisent les facultés locomotrices et les causes d'altération qui les dénaturent ; elle détermine enfin l'art de faire concourir tous les agents physiques, physiologiques et psychologiques au grand œuvre d'équilibre de la mécanique vivante par l'assimilation des sensations qui peut seule conduire à la parfaite légèreté motrice : apogée de toutes les opérations des *aides* du cavalier.

Afin que cette science soit telle, il est nécessaire, ainsi que nous l'avons suffisamment démontré d'après les connaissances *cinésiologiques*, qu'elle soit déduite des causes premières, en sorte que pour travailler à l'acquérir, il faut commencer par la recherche de ces premières causes, c'est-à-dire les principes du mouvement physiologique de l'organisation animale.

Comme tout est mouvement dans la nature et que l'ensemble intellectuel et l'ordre physiologique sont gouvernés par des lois analogues, les lois de l'équilibre psychologique sont donc aussi positives que celles du mouvement physiologique.

En effet, n'est-il pas évident que dans l'organisme tous les systèmes sont dépendants les uns des autres, tous les mouvements de locomotion coordonnés par le système nerveux ? Cette alliance non interrompue d'impressions des sons, de déterminations musculaires, de mouvements quelconques des membres où les organes passifs et actifs de la locomotion agissent et réagissent les uns sur les autres, ne restent-ils pas toujours sous l'influence des fonctions cérébrales ?

Ainsi, la *cinésie équestre* étudie les lois organiques des agents de la locomotion, tient compte de leur mode de fonctionnement mécanique dans les diverses allures, mais non au même titre qu'ils l'ont été jusqu'à présent par les écuyers-écrivains en ce qui concerne principalement les ressorts qui les font agir. Enfin, toutes ses observations tendent à affirmer que le *principe* du mouvement réside dans le cerveau; qu'il agit sur le reste du système organique par l'intermédiaire des nerfs; qu'il est indivisible, parfaitement *un*; que par l'empire qu'il exerce sur les organes de la locomotion, qui sont ses instruments, il en modifie plus ou moins les mouvements, et, selon la direction qu'il leur imprime, maintient, ou altère, ou rétablit l'équilibre nécessaire à la force motrice.

C'est ainsi qu'elle s'est réservé dans ses applications méthodiques toute l'indépendance de son appréciation, car la question de divergence ne réside pas en propre dans l'examen analytique du fonctionnement des membres, mais bien dans l'action impulsive et le travail pratique de pondération de la mécanique et surtout dans l'estimation exacte des résultats physiologiques et psychologiques que subit l'organisation; question de haute logique et d'expérience sur lesquelles elle demande qu'on lui reconnaisse la justesse de ses raisonnements.

La *science cinésique* de l'écuyer ne serait donc que la connaissance des phénomènes d'équilibre et d'harmonie qui président aux fonctions de l'organisme animal. L'art de l'équitation ne serait donc qu'une savante interprétation de l'action physiologique dans la conduite du cheval. Le savoir de l'écuyer reposerait donc, tout d'abord, sur ce principe fondamental que dans toute circonstance le mouvement physiologique (locomotion) doit être soumis au mouvement psychologique (instinct, mémoire, habitude, entendement), le renversement de cette loi produisant indubitablement le désordre, la désorganisation.

Autrement dit, il y a trois choses essentielles dans l'ensemble des connaissances générales en équitation : il y a la *théorie* proprement dite, qui comprend les idées des choses premières, c'est-à-dire la connaissance indispensable des lois de la nature physiologique de l'animal; l'*application* de ces mêmes lois, ou plutôt l'art de se les approprier par des effets de coordination des aides, embrassant toutes les conditions par lesquelles les mouvements dans chaque allure peuvent être harmonieusement obtenus; enfin l'*expression* naturelle du mouvement, derniers résultats d'une parfaite harmonie dans l'ensemble.

On voit par là si les cavaliers, qui ne veulent point entendre parler de *théorie* et qui ne veulent que de la *pratique*, ont bien réfléchi sur leurs propres idées. Parlons donc maintenant *application*, pour leur être agréable et pour confirmer l'importance de ces principes théoriques.

DEUXIÈME PARTIE.

RÉSUMÉ PRATIQUE.

SOMMAIRE : **De l'art de l'équitation. — Des premiers éléments de pratique équestre ou d'organisation hippique. — De la réduction de la base de sustentation. — De l'unité dans la direction absolue et l'expression libre. — Observations critiques sur la méthode Baucher. — Épilogue.**

De l'art de l'équitation.

La patience est la première vertu de l'écuyer.

Le premier venu comprendra que la machine animale, comme toute machine, ne peut fonctionner avec aisance si tous les ressorts dont elle se compose ne sont point dans les rapports tels que chacun s'harmonise le plus parfaitement possible avec l'ensemble. Or, envisagés au point de vue de l'équitation, les sensations, les impressions, les stimulations, les frottements, les chocs, font partie de ces ressorts, qui ne peuvent fonctionner utilement si le mécanisme en est défectueux, si les forces impulsives se contrarient, se neutralisent mutuellement, c'est-à-dire si les effets des *agents* internes et externes ne s'harmonisent point avec les effets des *aides* et ceux-ci avec les théories des sciences et des lois générales de la nature. Il est évident que, dans le cas où les idées et les déterminations qui naissent de l'ensemble de l'entendement de l'animal se trouvent en opposition avec celles qui servent de bases de conduite, une sorte de perturbation existe dans l'ordre instinctif, et cette perturbation, passant par degrés dans l'ordre mécanique, y produit les désordres que nous avons signalés.

L'expérience tirée de l'étude des principes de la science et de la vérité philosophique, qui les contient et les explique, est donc tout aussi bien le fondement de la pratique raisonnée que de la théorie rationnelle dans l'art de l'équitation comme dans beaucoup d'autres.

Non-seulement c'est un art, mais il faut reconnaître que c'est un art difficile. On n'en pourrait guère citer qui exige plus de *tact* et de sens pratique, qui réclame un plus haut degré de clairvoyance et de précision. Discerner parmi les *agents* de toute nature qui actionnent les sensations, ceux dont le caractère et les effets offrent le plus d'avantages ou d'inconvénients ; utiliser ces effets ou se mettre en garde contre leurs excitations anti-harmoniques ; coordonner les excitations des aides en raison de ces sensations ; imprimer l'impulsion tout en laissant libre l'expression ; résister aux empiétements de l'instinct et ne pas se laisser prendre aux feintes de concession ; prévenir au lieu de réprimer, etc. : l'énumération serait longue si nous voulions rappeler toutes les qualités de *tact* qui doivent être puisées dans le sentiment de l'expérience, de la compréhension et de l'intelligence des facultés *perceptives* et *réfectives* de l'organisation animale et de l'état perpétuel de *réceptivité instinctive* et de *spontanéité corrélative*, dans lequel se trouve la machine vivante : réceptivité, rappelons-le, accompagnée de *passiveté* ou d'une action *concentrique* correspondante ; spontanéité suivie d'*activité* ou d'une action *excentrique* également correspondante. Cette théorie est fort importante, en ce qu'elle enseigne, étant bien interprétée, le rôle *actif-passif* du cavalier et l'action *passive-active* du cheval en équitation : communauté d'actions et de réactions affectives qui relient les centres de gravité entre eux et assure la mise en œuvre de ces deux grands principes de l'art hippique : l'*équilibre des sensations* et la *légèreté motrice*.

Il est en pratique, comme en théorie, des principes fondamentaux jusqu'à présent ignorés qu'il faut accepter comme point de départ, comme base méthodique de cette organisation hippique dont on parle tant et que l'on comprend si peu. Car, au lieu de simplifier l'action tactile si communément adoptée, il faudrait la doubler, la *vérifier toujours par la perception du tact*, assujettir celle-là à celle-ci et rectifier incessamment l'imperfection de la première par la qualité de la seconde. Faute de cette mise en pratique, les excitations des aides sans estimation de leurs effets sur les réactions de la mécanique restent inexactes.

Ainsi le tact étant de tous les sens celui qui nous instruit le mieux de l'*impression* et de l'*expression* de l'organisation, celui dont l'usage est de tous les instants, celui enfin qui nous donne le plus sûrement la connaissance nécessaire à notre propre conservation doit être l'objet d'un perfectionnement continuel.

Le cavalier ne peut donc se perfectionner que par sa propre expérience, par la pratique de l'action des aides propre à maintenir l'équilibre des sensations, la pondération de la mécanique et la répartition naturelle des forces nécessaires à la libre expression du mouvement, puisque tout cela réside entièrement dans la perception du *tact*.

En effet, où trouver la mesure des effets des aides si l'on ne tient pas compte des prédispositions de l'organe du tact ? Tantôt on excitera au delà des justes limites l'incitabilité nerveuse de l'animal qu'il fallait ménager ; tantôt, au contraire, on laissera échapper chez tel autre les meilleures dispositions, faute d'une persistance suffisante dans les effets *excentriques-concentriques* des aides, etc.; que de fautes irréparables peuvent être commises sans une perceptibilité tactile soutenue !

C'est une pratique rationnelle indiscutable que nous cherchons, et nous ne trouverons telle que celle qui reposera, pensons-nous, sur un parfait équilibre entre l'*impulsion* et l'*expression*, qui ne laissera de porte ouverte ni à l'instinct de l'animal ni aux suggestions arbitraires du cavalier.

Mille préceptes s'apprennent par la parole, par l'exemple et que la lecture ne peut enseigner d'une manière complète, satisfaisante. Il n'est donc pas possible de tout expliquer, de tout écrire.

Comment, en effet, définir dans un livre, par exemple, que toute *lutte* en principe est un mal, *lors même qu'on réussirait*, tant il est à craindre de donner au cheval la souvenance de la résistance ?

Or, comment le lecteur interprétera-t-il alors cet autre axiome : *l'action tactile n'est qu'une lutte constante entre les sensations instinctives et les sensations transmises, une opposition permanente entre les forces attractives et les forces répulsives, de l'antagonisme régulier desquelles résulte l'équilibre ?*

Est-il possible, encore, d'indiquer la *note* tactile d'à propos, sa valeur, son *inflexibilité*, son *harmonie ?* faire comprendre que le cavalier n'a qu'à s'appliquer à être le plus *entêté*, à garder son *imperturbabilité* pour triompher, si ce n'est par l'exemple ? tant sont à redouter les fausses interprétations de ces *termes* si exacts, mais qui comportent en eux tant de *science* théorique et de *savoir* pratique !

Le perfectionnement du *toucher* des aides et son *entendement* doivent donc être d'une continuelle étude, car, en équitation, les perceptions du *tact* sont les plus sûres, précisément, peut-être, parce qu'elles sont les plus bornées ; ses jugements restent imparfaits parce que nous mêlons continuellement à son usage des sensations étrangères ; car tout ce que perçoit le *toucher*, il le perçoit bien. Aussi, lorsque le cavalier l'a suffisamment exercé, il unit, au jugement du déplacement du centre de gravité, de la légèreté motrice et de la solidité de l'animal, l'appréciation des sensations simultanées qui déterminent l'action et la réaction de la mécanique vivante.

Par conséquent, exercer les forces de l'animal n'est pas seulement les exciter, les utiliser, c'est apprendre à juger les sensations expressives ; c'est apprendre à déterminer, pour ainsi dire, la sensation *réflexe*.

Or mesurer, peser, comparer, analyser les forces et provoquer l'impulsion dynamique propre à frapper la mémoire, en un mot l'entendement tactile du cheval, c'est constituer l'équilibre des sensations dit hippique, après avoir évalué la différence d'*expression*, en sorte que l'estimation des effets des aides précède toujours l'usage des moyens *tactiles*.

Habituer enfin l'animal à ne jamais faire d'efforts insuffisants ou superflus, c'est l'accoutumer à donner ainsi l'expression naturelle de son mouvement d'après tout ce qui peut venir au secours de la légèreté de la mécanique.

C'est donc en se tenant également éloigné des exagérations des systèmes extrêmes qu'on trouvera seulement l'impulsion à approprier, le principe caché d'attraction des effets combinés des aides que l'on découvrira en opposant sans cesse une force égale à celle que l'animal emploie pour se soustraire à l'action tactile, jusqu'à ce qu'il s'y associe. Car l'animal ainsi placé entre la gêne, dont sa résistance est la cause, et une liberté d'action qu'il peut toujours obtenir, en livrant sa volonté à l'impulsion, prend bientôt l'habitude d'une soumission exacte, entière et subite au toucher de l'éperon : ce qui, par la concentration des forces, restreint, en apparence, l'expression du mouvement, la laisse libre.

Tout dans la pratique doit avoir son art et ses combinaisons que le *tact* seul suggère et approprie en raison des facultés sensoriales du cheval. Rien n'est à négliger, rien n'est indifférent dans les conséquences éducationnelles sur l'instinct de l'animal. Et c'est de l'ensemble bien combiné de toutes ces mesures, de tous ces mouvements que dépend le plus ou le moins de dispositions à l'entendement tactile et, par conséquent, de progrès dans le dressage.

L'effet de l'éperon est l'aide par excellence, mais il ne doit pas être l'annihilation ; il doit être le *lien* des développements musculaires, dans les limites naturelles de leurs attributions ; il doit être employé pour écarter les débordements et maintenir l'équilibre. Nous préconisons la concentration des puissances motrices, mais nous repoussons l'annulation des forces par les *attaques*, dans laquelle la puissance apparente du cavalier n'est que faiblesse en réalité.

Le *pincer* judicieux de l'éperon, au contraire, produit une pondération continue et harmonieuse de la mécanique, actionne les forces sans les troubler, entretient la légèreté par la réduction de la base de sustentation, et met la direction à l'abri de tout empiétement de l'instinct et de tout accident fortuit.

Il y a donc des effets des aides qui émoussent l'organe du tact et le rendent plus obtus, qu'il faut abandonner ; d'autres, au contraire, qui l'aiguillonnent et le rendent plus fin, dont il faut acquérir l'usage, des mouvements dont la répétition est indispensable ; enfin, la pratique de tout ce qui donne de la légèreté à l'action sans la contraindre improprement qu'il faut posséder.

Selon nous, l'équilibre hippique à trouver et à combiner est celui qui, dégagé de tout système de répartition de forces et de poids, a pour but, par une disposition spéciale d'instabilité de la mécanique, de faire participer l'homme et le cheval aux bénéfices d'une situation dynamique favorable à la sphère d'action de chacun d'eux, tout en développant constamment l'entendement tactile de celui-ci et l'expérience tactile de celui-là, et d'assurer, dans un but spécial d'unité, de force et de légèreté motrice, le plus haut degré d'union des centres de gravité et de communauté d'action dans l'ensemble des mouvements et de l'allure.

En somme, la constitution de l'équilibre doit avoir pour résultat de façonner l'organisation animale qui est en cllle-même un tout parfait, en partie d'un plus grand tout dont cet être reçoive la pensée, le mouvement : de renforcer, par la station instable, l'organisme altéré par la surcharge du cavalier ; d'harmoniser les propres forces de l'animal avec d'autres qui lui sont étrangères et dont il ne puisse faire usage sans le secours de l'impulsion. Plus ses propres sensations instinctives sont dominées par la concentration, plus les forces transmises sont puissantes ; en sorte que, si chacune de ses sensations n'est rien, ne peut rien que par toutes les autres, et que l'impulsion communiquée par les aides soit égale à la somme des forces naturelles de l'organisation, on peut dire que l'équilibre hippique est au plus haut degré de perfection qu'il puisse atteindre. N'est-ce pas là l'essence même de l'art ?

Donc, pas plus que la théorie, l'*application* ne doit être une étude de fantaisie ou même de science, un travail purement mécanique : c'est une œuvre d'observation et d'ensemble ; c'est quelque chose de rationnel et non d'imaginaire. La direction du cavalier doit résulter de l'analyse de l'organisation du cheval, des facultés de son organisme, de son entendement ; elle est, dans toute circonstance, imposée par le jugement et l'expérience :— savoir qui nécessite d'autant plus de clairvoyance et de *tact* qu'il embrasse dans son interprétation tous les phénomènes de l'organisme animal, la diversité des ressorts qui les font agir, et en rattache les puissances aux facultés nerveuses sous la dépendance des sensations comme à leur centre commun d'action.

Or, depuis l'absence de base positive en équitation, depuis que les moyens de conduite sont consacrés par la routine sans loi définie : — assouplissements, ramener, rassembler, réprimer, équilibrer, — toujours quelque chose de faux s'est introduit dans les maximes et la pratique de toutes les écoles.

Il faut donc, avant tout, se livrer à l'observation du mécanisme vivant, sans laquelle il n'y a pas de direction rationnelle possible ; et comme il n'y a personne qui, sans étude laborieuse, puisse arriver à quelque chose dans un art quelconque, il faut joindre, à une persévérante opiniâtreté dans cette observation attentive de la nature de l'animal, une *pratique* scrupuleuse pour mettre à profit ce qu'on a bien saisi des réactions instantanées de l'organisation ; car, plus on observe, plus on remarque de lacunes dans sa propre expérience et d'imperfections dans ses moyens de conduite. Aussi, celui qui se voue à l'art difficile du dressage doit tout d'abord s'étudier lui-même, sonder ses connaissances et se demander s'il a le *tact* et l'acquis désirables pour entreprendre ce travail.

Nous tenions à bien faire comprendre que dans l'art de l'équitation et surtout dans la pratique du dressage du cheval, il existe de grandes difficultés dans l'interprétation des règles établies ; que l'intelligence de ces principes et l'application des plus petits détails de *toucher*, d'une importance extrême, ne peuvent s'acquérir qu'au moyen d'une pratique et d'une habitude dans laquelle le *tact* participe au moins autant que le raisonnement, et que, par conséquent, lorsqu'on agit sur des organes aussi complexes que ceux de la locomotion et dont l'harmonie est régie par des lois si difficiles à interpréter, on éprouve des obstacles insurmontables avec une direction sans bases déterminées.

C'est de l'ensemble de ces données que ressort la nécessité de subordonner la coordination des effets des aides à trois conditions essentielles : — 1° à la connaissance de certaines lois du mouvement physiologique dans la locomotion ; — 2° à l'application de ces lois aux éléments de force impulsive des effets des aides qu'il s'agit de modifier selon la nature tactile du cheval, de transformer en sensations propices, de combiner en raison des règles de la statique qui président au fonctionnement mécanique des membres d'après l'allure ;— 3° à l'interprétation des éléments de pratique équestre enfin, autrement dit, de l'organisation méthodique rationnelle dans le *mouvement*, conséquence de ces principes e dont nous allons résumer les considérations pratiques.

Des premiers éléments de pratique équestre ou d'organisation hippique. — La méthode Baucher a introduit dans le dressage un travail d'*assouplissements* des plus importants, et dont les effets de pondération mécanique et de prédisposition de l'organisation animale à l'entendement tactile ne peuvent être révoqués ni mis en doute. Ce travail de mobilisation de la mâchoire et d'assouplissement des membres, d'une influence primordiale sur la production de la station instable, doit être considéré comme la première base mécanique d'organisation rationnelle en équitation.

Il ne faudrait pas croire que ces résultats de mobilisation de la mécanique n'intéressent que les faits de l'action équilibrante des aides en général et de la réduction de la base de sustentation en particulier, ils se rattachent aux notions les plus importantes qui ont trait aux fonctions instinctives dans l'expression du mouvement de locomotion.

En effet, nous l'avons suffisamment fait remarquer, tout est lié dans l'ensemble des facultés de l'animal, et lorsque l'harmonie préside à un ordre quelconque de mouvement, il est impossible que cet heureux effet n'influe pas sur toutes ses facultés, de même que le trouble de l'une d'elles porterait inévitablement le trouble dans tout le système. — Enfin, les principes qui auront fait réussir, dans les premiers débuts, s'appliquent en grande partie à la direction générale, et l'expérience acquise à cet égard profitera à l'accomplissement du dressage ; mais il est à observer que si le cavalier demande au cheval plus qu'il ne peut, autre chose qu'il ne peut, autrement qu'il ne le peut, le cheval refusera ; — que le principe général d'application, ainsi que me le disait encore dernièrement le général L'Hotte, consiste à maintenir le cheval *droit* et léger, c'est-à-dire d'aplomb sur ses membres et dans la situation la plus avantageuse au fonctionnement normal de la mécanique. — Quant au *principe caché*, répétons-le, c'est d'*attendre* de l'effet combiné des aides l'expression naturelle du mouvement sollicité en opposant toujours une force égale à celle que l'animal emploie pour se soustraire à l'impulsion, jusqu'à ce qu'il cède à l'action désirée. On comprendra donc que l'effet tactile des aides sur l'organisme animal, absolument en tout ce qui se rapporte au mouvement, se résume en ceci, savoir : le *placer* de la mécanique et l'excitation du système nerveux musculaire considérée soit en elle-même comme une manifestation réflexe de la sensibilité, soit du fait d'une sensation nouvelle. — De quelque manière que ces actes soient envisagés, on les trouve toujours rapportés à l'expression de la volonté de l'animal.

Tous les progrès dans le dressage et toute perfectibilité de l'entendement tactile sont donc basés, tout d'abord, sur la mobilisation de la mâchoire et des membres, à la condition que le cavalier sache *la constituer*, — *se l'expliquer*, — *s'y conformer*, et en tirer les ressources pour la légèreté motrice par la réduction de la base de sustentation.

De la réduction de la base de sustentation. — Tout le monde reconnaît que, par le rapprochement des extrémités, la station instable des membres pondère la mécanique, l'allège du poids du cavalier, dispose les leviers osseux à leur fonctionnement naturel pour la répartition normale des forces et du poids de la masse sur les extrémités et constitue l'union des centres de gravité.

Nous devons donc chercher à nous rendre compte du fait créateur de cette union ; de cette solidarité de deux êtres bien distincts qui dans cette *situation* au moins est réelle ; de ces points de contact et comme de pénétration de deux substances qui semblent ne pouvoir ni se confondre, ni se pénétrer, et dont l'action réciproque est pourtant incontestable. — Et malgré les obscurités de cette recherche, combien de raisons fournies par l'expérience, d'assigner à ces rapports si intimes du cavalier avec le cheval, de l'impulsion avec l'expression du mouvement, qui caractérise l'équilibre hippique, un lien, ou plus exactement un principe qui confirme l'union de ces deux êtres dans leurs mouvements !

Il est bien évident que le principe de concentration de forces et d'unité d'action émanant de la réduction de la base de sustentation doit naturellement produire l'union du centre de gravité et un échange d'impressions et de sensations, principe que l'observation et l'expérience démontrent des plus féconds pour maintenir l'équilibre des sensations, et qui ne peut manquer de réagir avec force dans l'intérêt de l'entendement de l'animal, c'est-à-dire dans l'intérêt de l'instinct, qui est à la fois le principe dominant de ses facultés et le centre d'où convergent tous les ressorts, qui crée le mouvement de la puissance motrice.

En effet, si les fonctions de l'appareil locomoteur se trouvent harmonisées sous l'influence de la réduction de la base de sustentation, toutes celles de l'organisation tactile en subissent les heureuses conséquences, d'où naît l'entendement réciproque entre l'impulsion et l'expression du mouvement.

Ces considérations nous démontrent que la station instable des membres a une influence primordiale dans l'organisation équestre : c'est l'élément mécanique nécessaire pour la mise en jeu du fonctionnement des muscles, c'est le seul qui soit donné au cavalier pour constituer l'équilibre hippique, et moins l'organisme aura d'effort à faire pour établir la répartition naturelle de ses forces, plus l'unité d'action sera facile à obtenir.

Ici, comme dans bien d'autres questions, il y a deux termes qui doivent être dans un rapport constant si l'on veut rester dans les conditions normales d'équilibre. La légèreté proportionnelle au mouvement à produire serait donc la *situation* qui procurerait au cavalier le plus de ressource dans ses aides, et au cheval les forces nécessaires à l'expression naturelle du mouvement de locomotion.

Si l'exercice de pondération mécanique et de légèreté de l'appareil locomoteur en rapport avec le mouvement de locomotion sollicité est si favorable à l'*impulsion* et à l'*expression* du mouvement, à l'union des centres de gravité, et au fonctionnement normal des membres enfin, il faut donc reconnaître que le mouvement exigé sans ce *placer* de la mécanique doit être défavorable à l'exécution et entraîner des conséquences funestes dans l'organisme.

Quand l'animal, en effet, dont l'harmonie des forces est déjà détruite par le poids du corps du cavalier, au lieu d'être favorisé par la station instable dans le rétablissement de son équilibre, se trouve abandonné à lui-même, ou plutôt entravé dans ses mouvements par des impulsions saccadées, — l'effort musculaire qu'il est obligé de faire alors ne se produit pas sans une exagération dans les fonctions du système nerveux qui peut se traduire par des accidents graves dans l'organisme à la suite de ces déploiements instantanés de forces et de brusques déplacements des organes de la locomotion.

Est-il besoin d'insister sur ces faits? Ne suffit-il pas de rappeler que c'est là une des causes des plus ordinaires des tares et des altérations dans les fonctions cérébrales que subissent les facultés instinctives? Il est donc compréhensible que les inconvénients du déploiement instantané des forces soient beaucoup moindres par l'exercice de la station forcée, surtout quand e cavalier a soin de la graduer selon l'exigence de légèreté motrice nécessaire au mouvement.

Sous tous ces rapports il y a donc, non-seulement avantage, mais nécessité dans le maintien de la réduction de la base de sustentation; il est incontestable encore qu'à cette situation les influences des sensations étrangères seront de peu d'importance, et qu'il sera toujours possible au cavalier d'apporter des modifications dans les sensations, tandis qu'à la station libre il n'y a pas de correctif possible sans dénaturer l'organisation.

Le cavalier qui établit ses moyens de conduite sur une direction sage et prévoyante, sur des principes rationnels et permanents, sur une coordination raisonnée de ses aides, et non sur des lois imaginaires et des effets de circonstance, peut seul espérer progrès, sécurité, dressage.

Il faut donc délimiter les effets des aides, les rendre permanents et leur assigner des fonctions telles que leur action rentre dans l'ordre des effets dynamiques dont la puissance soit en raison directe de la légèreté obtenue, et que toutes les causes du refus du cheval soient écartées ou éteintes, par le fait du jeu régulièrement pondéré de la mécanique : tels sont les premiers éléments équestres à mettre en pratique, ou plutôt à *trouver* et à *régulariser*, pour être à même d'associer l'expérience à l'impulsion, à la maturité de l'entendement, la *direction absolue* à l'*expression libre*.

De l'unité dans la direction absolue et l'expression libre. — Ce n'est certes pas une mince entreprise que celle de formuler le *principe d'unité* en équitation, cette loi complexe, une et multiple à la fois, qui doit embrasser dans son application tous les phénomènes de l'organisation animale et la diversité des ressorts qui la font agir, loi plus délicate qu'aucune, exigeant d'autant plus de précision qu'elle tient à plus de choses, d'autant plus de clarté théorique qu'elle définit et rapproche les principes les plus opposés de la *direction absolue* et de l'*expression libre*, d'autant plus d'exactitude pratique qu'elle balance des mouvements plus opposés, des sensations plus contraires, tendant à prévaloir les uns sur les autres, et qu'il faut régler, équilibrer et contenir. Or, s'il n'est pas de principe qui nécessite plus d'étude patiente et éclairée, combien son application, qui devient la base d'union et d'unité dans le mouvement, n'exige-t-elle pas de clairvoyance et de *tact!*

— Par conséquent, de ce que nous venons de dire, si la direction est *une*, ses agents sont multiples ; toute la question se résume d'abord à prouver que la communauté d'actions dans les impulsions est nécessaire.

Il ne faut donc pas entendre par *direction absolue* celle qui, née d'idées arbitraires, conduit indubitablement à une répression sans mesure, irréfléchie, tyrannique, impuissante à comprimer une machine qui n'est arrêtée par rien et quoi qu'on fasse pour la modérer, traduit à l'instant ses instincts, ses caprices en loi : cette *direction absolue*, issue d'une équitation sans théorie rationnelle, nous l'anathématisons de toutes nos forces.

Mais la direction suggérée de l'antagonisme des forces, de l'équilibre même, c'est-à-dire de l'assouplissement, de la pondération, de la légèreté, de l'harmonie ;— cette direction absolue qui permet aux forces de se retremper pour conquérir l'élan nécessaire à la libre expression du mouvement ; cette direction-là, nous sommes des premiers et des plus ardents à la préconiser.

—Ainsi, après avoir démontré les conséquences du mouvement physiologique en équitation, et avoir cherché à établir que parallèlement au travail de pondération de la mécanique nécessaire à son fonctionnement, devait marcher un autre travail d'assimilation des sensations, indispensable au développement de l'entendement tactile de l'animal, la *cinésie équestre* s'est attachée surtout à deux grands principes hippiques : la *direction absolue*, l'*expression libre* ;— ce sont là les deux grandes lois de l'équilibre en équitation, imposées par l'expérience et les faits physiologiques ; mais où ont-elles leur source et leur appui ?

La cinésie les déduit des lois du mouvement physiologique, et trouve le principe de leur force dans le phénomène de communauté d'action des facultés psycho-physiologiques.

La reconnaissance de l'unité harmonique de l'organisation, consacrée par la physiologie, propagée plus vivement à partir des savantes découvertes expérimentales du siècle, et, devenue enfin si dominante par le remarquable exposé des fonctions nerveuses de M. Flourens, qu'elle a produit la *cinésiologie classique*, est arrivée à son apogée par les incomparables recherches du docteur N. Dally.— Jusqu'alors cette consécration s'était bornée à l'anatomie, à la médecine ; sous cet éminent penseur elle devint applicable à des expériences gymnastiques et pathologiques qui attirèrent l'attention du monde savant. — Ce ne fut pas seulement à des mouvements isolés de l'organisme, ce fut à l'ensemble des facultés physiologiques et psychologiques dans l'unité du mécanisme vivant.

« Les sciences, quoique séparées par leur caractère, » dit M. Ch. Bénard, « forment une alliance par leur communauté de principes, d'idées et de « vérités premières : l'unité philosophique ! L'unité n'a pas de bornes, elle « est indéfinie, elle tend toujours à l'expérimentation, elle pourrait être « universelle ! »

Ainsi l'*unité*, ce caractère distinctif de toute harmonie, cet esprit d'*union exclusive* reconnu comme la clef de tout équilibre en équitation, résulte clairement de sa véritable interprétation, en est la conséquence première, nécessaire. Tous les préceptes cinésiques tendent à ce but, tous dérivent de cette unité d'action et de réaction au dedans et de corrélation de mouvements dans les impulsions du dehors sans laquelle la direction rationnelle ne pourrait exister.

Mais l'esprit de communauté d'action oblige à se rendre compte des rapports entre le cavalier et le cheval. — C'est la question capitale relative à l'unité, et d'une trop haute importance pour que nous n'insistions pas sur nos considérations antérieures.

La question capitale produite par l'idée d'*unité* dans le mouvement hippique, c'est donc la question de communauté entre l'*expression libre* et la *direction absolue*, — la question d'action qu'il s'agit de définir ; la puissance de chacun qu'il s'agit de régler vis-à-vis de l'autre ; et la puissance des deux qu'il s'agit de coordonner avec la puissance de chacun. Or, pour comprendre le principe, il faut interpréter les effets.

La question de *direction absolue* dans l'ordre logique est la première. Les forces impulsives se rassemblent et s'établissent d'abord par le contact ou *toucher* des aides, elles s'organisent et s'équilibrent ensuite par les lois dynamiques, ou puissances qui régissent les forces motrices. — Cette *corrélation* ne domine pas seulement l'organisme extérieur par la production préalable de la légèreté de la mécanique, elle fonde la puissance de sa loi sur la domination intérieure de l'organisation, elle règle les sensations du corps et celles de l'instinct, elle s'empare de l'être tout entier. Elle incruste sa volonté à elle dans la volonté de l'animal, elle lui donne cette volonté comme loi dominante, — c'est-à-dire qu'elle coordonne cette volonté d'après l'entendement de la volonté de l'animal et pour l'expression de cette volonté !

Voilà la *direction absolue*, voilà l'*expression libre*. C'est à cette loi première et indispensable de *corrélation* qu'il faut astreindre les deux organisations : c'est là le but que se propose la cinésie équestre.

— Voyons donc comment s'établit et se perpétue ce principe suprême d'union ; comment s'établit et se maintient la coordination hippique organisée pour obtenir la communauté d'action, si ce n'est tout d'abord par la réduction de la base de sustentation qui la constitue ; — puissance d'autant plus grande que les membres seront plus instables, puissance qui s'affaiblirait suivant que le cavalier tendrait à s'en affranchir, en sorte qu'il y aura force et unité suivant que la mécanique sera légère et les centres de gravité sondés dans l'ensemble ; ou impuissance et désunion, quand les moyens d'action de l'une ou l'autre organisation domineront dans l'expression du mouvement.

Donc, la *direction absolue* doit, pour que sa domination, pour que son influence subsiste, être elle-même fondée, maintenue, constituée par une loi qui asservisse ses moyens d'action, et ne laisse pas se développer l'indépendance individuelle qui serait la ruine de toute équitation rationnelle.

Ce n'est pas tout : il faut resserrer ce lien d'unité et de force, en laisser surgir l'expression du mouvement dans un but spécial d'assouplissement et d'une manière spéciale pour le fonctionnement naturel des membres suivant l'allure ; l'astreindre à ce principe ; que cette loi soit la règle de toute détermination. — De telle sorte que si, par hasard, une nature impressionnable à cet assujetissement, une sensation rebelle à ce joug, venait à franchir la sphère d'action qui lui est assignée, du moins qu'elle ne se révélât point par une manifestation entièrement contraire, et que pour l'une comme pour l'autre des deux organisations il n'en puisse être autrement, puisque la station instable, loi primordiale et souveraine pour le début et la continuation de tout mouvement, ne pourrait subsister ni avec la liberté d'action arbitraire du cavalier, ni avec l'indépendance de volonté du cheval.

Cette gradation est facile à suivre et à comprendre ; mais pour que ce principe supérieur pût s'imposer à tout mouvement par ce précieux mode d'action : la *légèreté*, et ensuite par toutes ses heureuses conséquences, assurer la communauté d'impulsion et d'expression, il fallait d'abord reconnaître ces causes dominantes, il fallait que cette unité, influence décisive et continue, fût bien comprise ; — de là les effets *excentriques-concentriques* des aides à employer, et l'importance qu'il y a à ne pas transgresser certains principes progressifs.

Dès lors, sous cette puisssance d'action, toute perception devient possible, tout mouvement de haute-école abordable, car les impressions arrivent dans des proportions harmonieuses au centre nerveux, où ce pouvoir unitaire, liant entre elles les sensations éparses, en forme un tout organique, dont l'instinct est l'essence et le mouvement l'expression.

C'est un travail d'organisation hippique absolument nécessaire. Rendu à ses propres forces et délivré des suggestions arbitraires, le cheval se soumet naturellement ainsi à la direction rationnelle qui lui est propre ; c'est la tâche du cavalier de l'y maintenir.

Ces principes, en outre, étant très-clairs et très-évidents, ôtent tout sujet de fausses interprétations et disposent l'esprit à une judicieuse appréciation des lois de la locomotion, bien différents des controverses des diverses écoles, qui sont peut-être la principale cause de l'insouciance générale en équitation.

Enfin le principal fruit de cette étude, est qu'on pourra, en cultivant ces principes, découvrir le tact indispensable à leur application, et, ainsi, passant peu à peu des premiers éléments d'assouplissement aux séries progressives de pondération mécanique, acquérir en peu de temps une parfaite appréciation de ces lois et arriver ainsi au plus haut degré d'équilibre hippique. — Et comme résultat certain de cette pratique obtenir un prompt et parfait dressage, tout en se garantissant de tout accident et en sauvegardant les précieuses qualités de l'animal.

EXAMEN CRITIQUE DE LA MÉTHODE BAUCHER.

> Annihiler les forces, c'est abêtir l'entendement, c'est appauvrir les facultés et détruire la source de toute puissance équestre.

Il y a un certain nombre d'années, des capitaines-instructeurs de l'armée concouraient, en quelque sorte, à l'édification d'une nouvelle méthode d'équitation, le système Baucher.

Depuis, plusieurs de ces mêmes officiers, devenus écuyers-écrivains, concoururent à la formation et à l'établissement d'une nouvelle école basée sur ce système. — Écuyers remarquables, car vous l'êtes, vous êtes consacrés par le temps et le mérite, vous enfin que la restauration des anciennes traditions n'a pas détrônés de la légitime considération du cavalier intelligent, quelle est donc cette œuvre à laquelle vous travaillez encore? Ne vous l'êtes-vous pas demandé en cherchant à accomplir votre tâche? N'avez-vous pas senti quelque doute, quelque hésitation, quelque accablement devant ce travail, sans base déterminée, toujours à recommencer, toujours à refaire?

Démontrer pratiquement en équitation qu'une méthode est supérieure, c'est une première division très-remarquable que M. Baucher a parfaitement remplie; montrer qu'elle est bonne pour tous et applicable à toute situation donnée, n'est-ce pas un second degré indispensable? L'établir enfin sur des bases réelles et préexistantes, n'est-ce pas le point capital et le plus important? Or, ce célèbre écuyer a-t-il rempli cette tâche?

Que l'art de l'équitation exige des bases scientifiques déterminées et que Baucher en ait préconisé d'irrationnelles; qu'il n'ait donné que le plan d'une méthode vacillante et incomplète, celle d'une convention problématique qu'on peut toujours révoquer et mettre en doute : c'est là ce que personne ne peut contester aujourd'hui.

Ah! si la méthode Baucher était fondée sur la physiologie et sur les sciences qui s'y rattachent, en un mot sur la connaissance de la nature de l'animal, les éléments et les combinaisons du système, c'est-à-dire les procédés méthodiques également fondés sur l'harmonie organique : ses divers principes théoriques nés de cette unité philosophique, par conséquent rationnels dans leur application, et leurs conséquences eussent pu assurer les fondements de l'équitation. Mais malheureusement il n'en est pas ainsi; et la différence qui existe entre une rare aptitude pratique,— où le *tact*, guidé par une heureuse intuition dans l'application, tient la place considérable du raisonnement,— et le savoir pratique, qui agit rationnellement en vertu de l'inflexibilité de certains principes dus à la confirmation des faits physiologiques, ressort évidemment de cette comparaison, c'est là un grave sujet de méditation pour l'homme de cheval et l'objet principal de cet examen. Mais tant est-il que depuis l'ordonnance de 1829 jusqu'à nos jours, le système Baucher a présidé en quelque sorte à toute tentative de progrès dans l'art de l'équitation, que son influence inspire encore le temps actuel, et qu'en un mot il était le précurseur d'une nouvelle école.

On aurait tort cependant d'attribuer au savoir de Baucher une part plus grande qu'il ne doit lui en revenir ; cette part est beaucoup moindre qu'on ne le croit peut-être, car chaque *intelligence* en équitation apporte son contingent dans la théorie et la pratique, qui peu, qui beaucoup, mais chacun l'apporte en définitive. Et nous pourrions citer un grand nombre d'autorités équestres dans l'armée qui, les unes par leurs écrits, les autres par leur talent et leur enseignement, ont puissamment contribué aux progrès de la science hippique.

J'attaque donc le système Baucher, non pas dans ses dérivés et dans toutes les combinaisons équestres qu'il a pu faire éclore, mais dans l'exposé de ses principes physiologiques ou plutôt pour l'absence de principes basés sur la science du mouvement de locomotion ; dans son esprit d'annihilation de forces et dans ses diverses théories d'équilibre hippique.

Je prends M. Baucher à partie, non-seulement comme créateur individuel d'un système, je le prends comme l'écuyer en qui viennent se résumer dans toutes leurs conséquences les principes d'une école nouvelle,— l'absorption des idées de *libre expression* du mouvement par le système de compression et d'annihilation de forces a surtout été pernicieuse dans ses conséquences. — Il croyait aller en avant, il enrayait. Il croyait son système large, il était restreint aux *attaques* ; il parlait du cheval, il ne voyait que l'écuyer. On en a fait un novateur, il n'a été surtout que la dernière expression des progrès équestres de son temps sans détruire aucun préjugé.

—Ah ! nous louons ses idées-mères d'assouplissement et d'harmonie, les principes féconds d'équilibre qu'elles ont semés, les idées nouvelles de coordination qu'elles ont établies dans les moyens de conduite et qui ont fructifié dans la nouvelle école. Mais nous ne comprenons pas l'ambition de Baucher de reconstituer l'équitation en dehors de la science ; — il a eu, de plus, ce tort à nos yeux, une de ses causes de chute, c'est d'avoir été exclusif, et de plus en plus exclusif à mesure que les succès venaient couronner ses efforts.

Ce qui précède ne touche en rien au talent d'exécution du maître : d'une intelligence tactile incomparable, nous l'avons tous vu s'identifiant, par une coordination secrète de ses aides, aux facultés de son cheval, en diriger avec une puissance intuitive merveilleuse tous les *ressorts* qui fonctionnaient sous l'impressionnabilité du tact comme des fils électriques *mis en jeu par la puissance cérébrale d'où procèdent la sensation, la volonté, le mouvement*. De telles causes expliquent seules une union aussi parfaite. —Arbitre constant de la force dans l'insinuation du mouvement, de l'impulsion dans la coordination des aides, Baucher représentait la perfection dans l'organisation hippique. Position et prestance, ensemble et détail, direction et expression, équilibre et rhythme, quelle unité partout, quel ensemble, quel sentiment ingénieux d'appropriation des facultés motrices, ou plutôt quelle intuition merveilleuse !

Et tout cela, remarquons-le bien, se produisait, non d'après des principes arrêtés, définis, mais spontanément conçus, *et par une conséquence nécessaire des rapports établis entre l'impulsion et l'exécution;* — cette puissance acclamée du monde équestre n'était donc pas le fait de l'application de son système proprement dit, mais la *conséquence de l'unité d'action* résultant de la légèreté de la mécanique obtenue par les assouplissements, et dans une *interprétation tactile* aussi mystérieuse qu'inconsciente de l'organisation de l'animal. C'est là l'équitation *transcendentale*, comme l'appelait le célèbre écuyer, mais non l'équitation pour tous; car, selon son expression, *il n'est pas permis à tout le monde d'aller à Corinthe !*

— Nous reconnaissons donc à la nouvelle école le pouvoir de modifier divers errements pratiques d'après certains éléments du système Baucher ; qu'elle l'ait entrepris, ce dont nous la félicitons, sur les principes d'assouplissement de la méthode qui sont encore l'admiration de bien des esprits, lesquels, aujourd'hui, sont fort loin, peut-être, d'admirer tout le système, c'est un grand pas de fait; — mais de poursuivre l'œuvre de Baucher dans sa prétention de reconstituer l'équitation sur des principes purement mécaniques, ce serait, pensons-nous, aussi vain qu'illusoire. Il y a, croyons-nous, des progrès à réaliser en dehors des connaissances acquises.

L'équitation est l'œuvre des générations ; ce serait une faute de la dédaigner, de ne pas en tenir compte ; toutes les écoles ont des points de rattache dans la pratique ou question de *tact* qui se présentent sous des préceptes infiniment variés. Et, néanmoins, il y a au fond une commune manière de voir et de saisir des maîtres qu'on retrouve la même partout et dans tous les temps ; et de là, dans les différentes écoles, des notions souvent pratiques, une logique naturelle, etc. C'est à l'homme de cheval à juger, à apprécier et à en tirer parti.

Mais c'est en vain aujourd'hui que tel ou tel système chercherait à se maintenir dans un esprit de séparation et surtout d'exclusion de la science. Comment ont grandi tous les arts, si ce n'est par l'étude approfondie des sciences qui les constituent ? — Or, la *nouvelle étude du cheval* s'est emparée des principes rationnels consacrés par l'expérience, a rejeté les théories superficielles et les pratiques arbitraires, et établi sur les phénomènes du mouvement physiologique constatés par la science, les bases certaines de l'art qui nous occupe.

— Puisque cette étude s'étend à tout ce qui se rattache à la nature de l'animal, on doit donc croire que c'est elle qui peut guider le plus sûrement dans les moyens de conduite du cheval, et que le cavalier sera d'autant plus apte au dressage qu'il aura approfondi davantage les notions du mouvement de locomotion. Quel que soit donc le mérite de l'écuyer, l'aptitude de ses moyens de conduite, sa bonne foi et son impartialité, je dirai plus, son expérience doivent se ranger à l'évidence des principes de *la science du mouvement*, fondement de la physiologie et par conséquent de l'équitation.

ÉPILOGUE[1].

> (Soutenir qu'il n'existe absolument que des causes purement mécaniques en équitation d'où dérivent tous les phénomènes du mouvement de locomotion, ce serait prouver qu'on manque de lumières, et qu'on mesure l'étendue des connaissances humaines sur celles de son propre savoir.)

L'analyse du passé est l'intelligence du présent et la synthèse de l'avenir, a dit un grand philosophe. Si nous considérons en un sens le mot *progrès*, en équitation, toute école, par cela même qu'elle fonde une méthode, a des principes, des procédés, en un mot un système quelconque. En suivant l'historique des progrès dans cet art, nous voyons se modifier toutes ces choses ; nous voyons se transformer tantôt lentement, tantôt tout à coup, le mode d'application, c'est-à-dire que l'art varie, se développe, s'affaiblit ou se relève. « Les destinées de la science sont celles de l'esprit humain, avons-nous rapporté d'après M. Béclard dans notre introduction, chaque jour accomplit dans les idées et dans les arts un déplacement plus ou moins sensible. Il n'est donné au progrès d'une science de s'arrêter qu'avec son existence! »

Si l'on considère dans une autre acception le mot *progrès*, on voit dans l'exposé de la *cinésie équestre* dont l'ambition est d'en appeler dans le présent à l'expérience des maîtres de toutes les écoles, de les éclairer sur l'importance de fixer les procédés méthodiques de l'équitation sur les principes de la science, et dont l'espérance plus haute est, non-seulement, de fixer le présent, mais d'éclairer l'avenir, de telle sorte que l'équitation soumise à des bases fondamentales soit réglée par elles.

En envisageant ces deux sens si différents du mot *progrès*, l'observation qui se présente tout d'abord, c'est que dans le premier sens, l'équitation, mobile comme ses méthodes, instable comme ses systèmes, se modifiant avec le cours des temps et des traditions, ne forme jamais une théorie qui endigue les principes purement mécaniques, car elle est l'expression de la généralité elle-même. Nous ne parlons pas de certaines méthodes de dressage, de ces pratiques barbares adoptées par un public ignorant ; nous entendons cette opinion qui, chaque fois qu'elle se généralise, produit des

---

[1] Les principales considérations de cet *épilogue* ainsi que les éléments principaux des examens qui précèdent ont été effleurés dans une correspondance échangée avec plusieurs écuyers de l'armée ; je les ai reproduits et complétés avec d'autant plus de zèle qu'ils m'ont attiré des félicitations qui m'honorent, et dont je remercie de nouveau, ici, les auteurs.

effets et s'imprime dans la pratique générale, n'enchaînant rien, elle représente une idée de conduite indéfinie, et se prête à toutes les exagérations des systèmes.

Dans le second cas, au contraire, la cinésie équestre, ou *science du mouvement* hippique, est une loi primordiale dont les principes physiologiques fondamentaux imposent un système général d'application basé sur la connaissance des lois de la nature dont on s'est trop écarté. En tout cas, elle représente une idée d'union, de fixité et de contrainte dans la pratique qui s'harmonise avec les rapports naturels imposés en équitation et seconde au lieu d'entraver les opérations de l'organisme de l'animal.

— L'exposé de ces principes d'équitation rationnelle arrive, croyons-nous, en temps voulu ; car, eût-il paru plus tôt, il n'aurait assurément ni arrêté ni suspendu en rien la prépondérance des anciennes traditions remises en faveur à l'Ecole de Saumur.

Il n'arrive pas trop tard, car la nouvelle école qui, il y a quelques années, était un enthousiasme, aujourd'hui n'est plus qu'une espérance.

Or, dans cette question se trouvent trois choses :

Le parti pris, confiance aveugle dans les préjugés que n'instruit pas l'expérience, que n'éclaire pas la réalité ;

L'insouciante témérité, que l'expérience, sans bases déterminées, conduit au découragement ou à la raillerie, et qui doute de l'évidence sans la chercher ;

Enfin l'étude consciencieuse et persévérante, qui interroge l'expérience d'après le savoir, et recherche plus ou moins fructueusement le rationnel, mais qui s'y sent attirée et se trouve toujours encouragée par lui.

— Telle est, pensons-nous, la situation des esprits dans l'état actuel de la pratique de l'équitation, et c'est naturellement à la classe privilégiée des cavaliers que s'adresse particulièrement la cinésie équestre et à tous les bons esprits indistinctement dans l'espoir de rallier à elle toutes les intelligences pratiques et de les voir concourir à la rénovation de l'équitation.

Par rénovation de l'équitation, nous n'entendons pas la recomposition immédiate de théories et d'applications équestres, car nous croyons erronée et malheureuse cette idée absolue de reconstituer l'équitation. Un enseignement aussi ancien et tellement enraciné que celui du dressage actuel ne disparaît pas entièrement et si vite ; mais il est nécessaire que les idées d'unité et d'harmonie germent et se propagent parmi ceux qui enseignent.

Or, suivant nous, il ne s'agit pas de découvrir la méthode la meilleure pour le meilleur des cavaliers, il s'agit de découvrir la manière de faire se mouvoir et progresser les facultés de l'animal au moyen de la méthode la mieux appropriée à l'état actuel physique du cheval et au degré du savoir pratique de tout cavalier. Tout consiste à faire comprendre que l'usage des effets des aides, répétons-le, ne doit pas être un travail d'application purement mécanique, mais une œuvre d'observation et de *tact*. Cela, après tout, est bien moins difficile qu'on ne le suppose ; il n'y a rien à innover, il n'y a qu'à expérimenter l'impulsion pour la rendre *absolue*, — par une corrélation normale entre les effets des aides et ceux des autres agents qui concourent au mouvement, — et à se rendre compte de l'expression, dans l'unité d'action, pour la laisser *libre* ; car, quelle que soit la combinaison méthodique qu'on imagine, la *direction active* ou d'impulsion du cavalier doit être subordonnée à l'*expression passive* ou d'exécution du cheval, la seule qui appartienne à l'homme, la seule qui convienne à la nature de l'organisme animal, la seule possible et rationnelle, attendu que celle-ci est le but et celle-là n'est que le moyen d'y parvenir.

Ce mode de conduite est bien simple et tout à l'avantage du cavalier ; c'est que, par la nature des impulsions et par leur corrélation dans leurs effets, l'animal répond, non pas à des excitations passagères des aides, ou à de capricieuses fantaisies de son instinct, mais à une direction permanente qu'il interprète plutôt qu'il ne ressent et qui, par la puissance de l'habitude, lui devient de plus en plus nécessaire d'éprouver.

Mais là ne s'arrête pas le bénéfice de cette application, le cavalier y trouve encore par lui-même les principes qui doivent le guider, les lois de l'organisation qu'il doit respecter, la raison profonde des effets *tactiles* qu'il applique, s'élevant par là au-dessus de l'exécution mécanique de l'organisme confié à ses aides ; s'identifiant, pour ainsi dire, aux propres sensations de l'animal et perfectionnant, par cela même, ses moyens incessants de conduite, il se procure de la sorte de grandes jouissances et acquiert le *tact* désirable pour les exercices de haute-école. Car rien ne prédispose son esprit à des impulsions anti-harmoniques, rien ne le détache de la coordination de ses aides, de l'union des centres de gravité, de la véritable interprétation des lois de la locomotion, — rien ne le détourne enfin des vérités du mouvement physiologique, fondements nécessaires de l'équitation, — tout, au contraire, le retient et le ramène dans la communauté d'impulsion et d'expression, car il trouve dans cette sphère d'action les deux grands principes les plus efficaces pour obtenir l'équilibre hippique : la pondération de la mécanique et la légèreté motrice. Il sent dans ses impulsions une interprétation de la nature de l'animal qui le pénètre et le guide, qui domine les harmonieuses combinaisons des effets de ses aides et le conduit à une parfaite domination du cheval.

Tels sont les résultats certains de la mise en pratique de la cinésie équestre, et tandis que les préjugés aveugles enracinent la routine de parti pris, entretiennent la désunion entre l'impulsion et l'expression, au grand préjudice des facultés de l'animal, — puisse donc la *cinésie éducationelle* remplacer les moyens arbitraires, les fictions des lois de la locomotion, par les vérités de la science du mouvement physiologique, — l'isolement fatal de l'impulsion ou de l'expression par l'union protectrice des centres de gravité réalisée de la réduction de la base de sustentation, — l'excès des répressions par la pondération de la mécanique, enfin l'annihilation des forces par la légèreté motrice et la libre expression du mouvement ! — L'avenir de l'équitation est là tout entier.

— Les considérations techniques de cette étude ne seront peut-être pas discernées par tous les cavaliers, mais cet inconvénient était inévitable, et je devais me résigner à moins de popularité ou passer sous silence des notions scientifiques qu'il importe cependant, je crois, de connaître, ou sacrifier le but de mon travail. J'ai pensé que l'écuyer ne devait pas rester étranger aux découvertes de la science qui s'accomplissent autour de lui, que la nature de mon ouvrage et le genre de public auquel il s'adressait me permettaient de tenir moins de compte de l'attrait du style, et que les lecteurs que j'avais principalement en vue chercheraient surtout dans mon livre les principes rationnels d'équitation et l'intelligence des procédés méthodiques vraiment hippiques du dressage.

En résumé, si cet ouvrage n'éclaire pas tous les gens du métier, et si le lecteur s'y sent plutôt entraîné que convaincu, il en restera, je l'espère, comme dernier et durable effet, une nouvelle impulsion vers la direction rationnelle, un développement général du sens du *tact*, et, chez les esprits éclairés qui ont gardé le doute, une incertitude générale qui déterminera d'en faire l'application, qui provoquera l'évidence, qui disposera à croire, à expérimenter et à affirmer l'importance de la *cinésie équestre*.

Note de l'Éditeur. — Combien n'a-t-on pas écrit déjà sur l'équitation de livres, de méthodes, de brochures sérieuses ou fantaisistes ! L'encombrement est tel que le public aurait grand mérite d'y reconnaître la vérité utile, dans cet amas de lieux communs et de rabâchages ; aussi fatigué de ne point découvrir dans ces redites arides du passé quelques sources de direction rationnelle, n'apporte-t-il plus à ces productions qu'une attention distraite.

Bien qu'en général, maintenant, les ouvrages relatifs à cet art ne soient plus recherchés avec la même avidité qu'il y a quelques années, nous croyons pouvoir prédire qu'une exception sera faite pour la *nouvelle étude du cheval*.

L'équitation manquait de connaissances théoriques et pratiques, nécessaires en raison de la nature du cheval. Il importe de la lui fournir.

Car, il faut le reconnaître, l'équitation est encore plongée dans les limites de la routine ; les écuyers-écrivains se sont placés, jusqu'à ce jour, hors du domaine d'une science exacte ; une direction rationnelle lui est offerte avec tous ses principes et ses procédés méthodiques basés sur les vérités fondamentales de la science qui la constituent, et nous ne croyons pas exagérer en disant que la *Cinésie équestre* vient d'inaugurer une science nouvelle.

La première qualité du livre de M. Debost, et tout le monde le reconnaîtra, est la conviction. On sent que ce n'est pas une œuvre de métier, mais l'expression d'une intelligence pénétrée de son sujet : Par ces procédés les suggestions arbitraires sont refoulées ; les relations de rapports physiques et de communauté instinctive sont ouvertes, les précieuses qualités de l'animal garanties, la sécurité du cavalier assurée !

De tels résultats doivent attirer les bons esprits : rien en effet ne peut offrir plus d'attrait que le dressage du cheval ainsi interprété, et il faut féliciter l'auteur d'avoir ainsi trouvé dans l'interprétation de la nature de l'animal la source des moyens les plus efficaces en équitation ; et nous en tirons pour conséquence, nous appuyant sur les approbations et les suffrages que nous publions plus loin, que dans un avenir peut-être encore éloigné mais certain, l'élevage et l'équitation entreront dans une phase rationnelle, car la *cinésie équestre* applicable, tout aussi bien à l'éducation de l'animal qu'à tous les genres d'équitation, appelle l'éleveur et l'écuyer à la conquête absolue du cheval.

EXTRAITS

DE

LETTRES D'OFFICIERS SUPÉRIEURS DE L'ARMÉE

adressées à l'auteur de la Nouvelle Étude du cheval.

—

Rambouillet, le 5 mars 1873.

Monsieur,

A mon retour d'une absence, je trouve l'ouvrage que vous avez eu l'extrême obligeance de m'adresser. Je suis mille fois sensible à votre attention et je tiens à vous en remercier sans retard.

L'étude du cheval présente une mine inépuisable à exploiter, et les aperçus nouveaux que présente votre livre, dont j'ai pris connaissance l'an dernier, attireront l'attention et le vif intérêt du monde équestre.

C'est avec un bien vif regret que je me vois dans l'impossibilité de répondre au désir que vous voulez bien m'exprimer. Outre la direction de mon régiment, j'ai à m'occuper de plusieurs travaux se rapportant à des Commissions auxquelles je suis attaché. Il m'est donc impossible de donner à votre savant et consciencieux travail le temps nécessaire pour en faire le compte rendu qu'il mérite.

Le général Michaux, si compétent en semblable matière, vous a donné, par une lettre-préface, un patronage qui vaut tous ceux que vous pouvez ambitionner.

Croyez, Monsieur, que j'ai été très-flatté que vous ayez pensé à moi au sujet d'un art qui a été et qui est la passion de ma vie.

Avec la nouvelle expression de mes remerciements, veuillez agréer, Monsieur, l'assurance de mes sentiments les plus distingués.

Colonel L'HOTTE[1].

---

[1] M. L'HOTTE, dont le nom seul fait ici autorité, est l'OFFICIER GÉNÉRAL de cavalerie qui a agréé la dédicace de ce livre. (*L'éditeur.*)

Rouen, le 26 juillet 1874.

Mon cher Debost,

Je reconnais que je suis bien en retard avec vous, et si je ne vous ai pas écrit pour vous faire connaître mon sentiment au sujet de votre ouvrage, c'est que je voulais et veux encore vous voir et causer avec vous de votre méthode d'équitation dont les principes sont rationnels.

Quoique votre ouvrage soit destiné aux écuyers, je n'hésite pas à vous dire que beaucoup, si ce n'est le plus grand nombre, seront obligés de faire une étude nouvelle pour en bien comprendre la portée théorique qui est traitée à un point de vue très-élevé et qui réclame des connaissances spéciales. Quant à la pratique : l'exposé de vos principes, à la portée de tous, est bien formulé et logique.

Je vous félicite d'avoir entrepris une œuvre aussi sérieuse, aussi savante, pour propager les saines doctrines de l'équitation, les plus propres à la conservation du cheval et au développement de toutes ses facultés, — c'est vous dire que je vous autorise parfaitement à faire de ma lettre tout ce qui pourra être utile à la propagation de vos idées équestres.

Comptez sur ma visite lors de mon premier voyage à Paris.

Je vous serre la main bien cordialement, mon cher Debost, et vous prie de croire aux sentiments affectueux de votre vieux camarade.

V.-G. DIJON,
Lt-colonel du 12e chasseurs[1].

P. S. — S'il vous reste quelques exemplaires de la première édition de votre ouvrage, vous feriez bien, je crois, de les offrir aux bibliothèques militaires, votre livre serait ainsi à la connaissance d'un plus grand nombre d'officiers.

---

[1] M. le lt-colonel DIJON est, après M. le général L'HOTTE, l'autorité équestre la plus compétente de notre époque. Successivement capitaine écuyer à *Saumur* et à *Saint-Cyr*, cet officier supérieur a été appelé au commandement du manège de l'*Ecole d'état-major* à Paris et représente, depuis vingt ans, le savoir équestre militaire. Il est inutile d'insister sur la valeur de l'opinion de cet éminent professeur. (*L'éditeur.*)

Dôle, le 7 janvier 1874.

Mon cher Debost,

Une simple carte de visite à l'occasion du 1ᵉʳ de l'an exprimerait trop imparfaitement le plaisir que m'a causé votre affectueux souvenir; c'est ce qui me fait vous écrire pour vous remercier tout d'abord de l'envoi que vous m'avez fait de votre ouvrage. Si je ne l'ai pas fait plus tôt, c'est qu'après l'avoir lu et analysé avec le plus grand intérêt, je me suis trouvé si complétement d'accord avec vous sur les points fondamentaux de votre livre; et, de plus, je vous ai trouvé tellement fort en la matière, que j'ai conçu le plus vif désir de vous voir afin d'en causer plus longuement avec vous et mieux que je ne pourrais le faire dans une correspondance. Je suis toujours dans les mêmes idées à cet égard, et j'espère prochainement aller à Paris vous y donner rendez-vous, ce qui me procurera le plaisir de renouveler connaissance et l'avantage d'une intéressante conversation sur la question équestre, à laquelle j'ai consacré la plus grande partie de ma vie.

A mes débuts dans ma mission d'écuyer-professeur, je n'ai pas tardé à m'apercevoir que, malgré le travail de nos prédécesseurs de tous les temps et de tous les pays, il manquait une base à mes démonstrations pratiques et à mes études. Une méditation constante, une observation opiniâtre me firent bientôt découvrir qu'en équitation, tout mouvement de locomotion partiel ou d'ensemble avait pour cause primordiale la volonté spontanée ou instinctive de l'animal; c'est cette puissance que le cavalier doit considérer comme son intermédiaire obligé dans tous les mouvements qu'il se propose d'obtenir; et observer qu'il existe, par conséquent, comme sujets d'étude dans la nature du cheval deux *êtres* distincts, mais faciles à confondre en un seul : le corps et l'*âme* dont l'analyse constitue la double étude mécanique et psychologique, sans laquelle l'homme de cheval ne peut être qu'un écuyer d'abreuvoir.

C'est sur cette base entièrement conforme à la vôtre, comme vous le voyez, que j'établis pendant quinze ans mon enseignement théorique et pratique, lequel produisit de nombreux élèves reconnaissants pour la plupart.

Je retrouverai avec le plus grand plaisir un ancien camarade qui, par un travail aussi opiniâtre qu'intelligent, est parvenu à formuler sur l'équitation des principes justes, rationnels et utiles qui ne seront peut être pas jugés avec une disposition plus favorable que les miens, mais que, pour mon compte, j'apprécie à une haute valeur.

Aussi, me ferai-je un devoir de recommander aux efforts persévérants des écuyers militaires chargés de la mission ingrate de vulgariser dans l'armée les principes d'équitation, votre consciencieuse étude exempte de charlatanisme, la seule susceptible de faire progresser, par cela même, la cavalerie française en la délivrant des éternelles controverses qui n'ont abouti qu'à créer l'immobilité dans la science équestre, comme dans son application.

A bientôt, mon cher Debost, le plaisir de vous serrer la main et de m'entretenir longuement avec vous de nos anciennes relations de jeunesse et de nos communs efforts pour vulgariser un art qui est encore enfoncé bien avant dans la routine.

Votre bien dévoué camarade,

Commandant LÉAUX,
Chef d'escadrons au 1er régiment de dragons [1].

Bois-Guillaume (Seine-Inférieure), le 3 avril 1874.

Mon cher Debost,

Vous avez bien voulu penser à moi et m'adresser dans ma retraite votre ouvrage : *Cinésie équestre, ou Principes d'équitation rationnelle*. Je suis heureux de vous exprimer que votre gracieuse attention me procure un réel bonheur, car elle me reporte au temps déjà bien éloigné de notre jeunesse, où nous étions ensemble à l'Ecole de cavalerie. Aussi j'accepte avec le plus grand plaisir votre aimable souvenir.

J'ai lu votre livre avec une grande attention et avec tout l'intérêt qu'il mérite, et j'estime qu'il contient d'excellents principes, d'une justesse incontestable, destinés à faire progresser utilement l'équitation qui, de nos jours, semble un peu délaissée.

Par de minutieuses études vous avez approfondi la nature du cheval et vous avez pris comme point de départ de votre travail la notion des éléments du mouvement physiologique de l'organisme dont vous avez interprété les lois de la façon la plus utile au développement de la science de l'équitation.

C'est là un grand et très-laborieux travail que vous avez entrepris, mon cher Debost, mais dont vous triomphez d'une manière brillante et qui doit vous attirer les félicitations des hommes compétents.

Ainsi, je considère vos moyens de dressage comme très-rationnels, puisqu'ils sont fondés sur l'étude approfondie des sciences, du raisonnement et de l'expérience acquise.

Votre méthode, basée sur de tels principes, ne peut qu'aboutir à un résultat très-favorable dans son application, tant pour le développement et la conservation des facultés du cheval que pour les progrès de l'art hippique.

Je souhaite donc bien sincèrement que vous soyez récompensé pour une œuvre aussi importante, et que, dans l'intérêt des progrès de l'équitation

---

[1] La lettre de M. le commandant LÉAUX n'a pas besoin de commentaires et vient compléter, avec une réelle autorité, les déclarations précédentes. Nous pourrions borner là ces citations suffisamment concluantes, si les lettres tout à fait sympathiques du commandant Lebrun et de l'éminent docteur Le Roy d'Etiolles qui suivent ne venaient, de concert avec les COMPTES RENDUS que nous reproduisons plus loin, affirmer, sous divers points de vue, l'œuvre de M. E. Debost, et la recommander en un mot à l'attention la plus sérieuse du lecteur. (*L'éditeur.*)

militaire, le vœu émis par le général Michaux se réalise le plus tôt possible. J'apprendrai ces bonnes nouvelles avec un vrai bonheur; c'est mon vœu le plus sincère.

En attendant, recevez, je vous prie, mon cher Debost, tous mes compliments, et agréez l'assurance de mes sentiments affectueux et dévoués.

Lebrun,
Chef d'escadrons en retraite,
Officier de la Légion d'honneur.

Mon cher camarade,

Vous avez supposé que j'étais en état de vous donner un avis autorisé sur votre ouvrage d'équitation rationnelle, parce que j'ai eu l'honneur d'être votre chirurgien-major dans l'escadron Franchetti, où vous avez pu remarquer mon modeste savoir en équitation.

Après une lecture attentive de votre livre j'essayerai de vous satisfaire en peu de mots.

Les différentes méthodes d'équitation avaient pour système jusqu'à ce jour de contraindre les forces de l'animal à subir des moyens de conduite arrêtés à l'avance.

Vous, au contraire, vous trouvez dans l'*entendement tactile* de l'animal la libre expression du mouvement de locomotion; auparavant, on violentait le cheval, vous, vous vous en faites comprendre par le toucher raisonné des *aides*. L'éperon lui-même, qui, pour la trop grande majorité des cavaliers, n'est qu'un moyen brutal de correction ou d'avertissement, devient avec vous un lien de plus entre l'animal et celui qui le monte, lorsqu'il est employé dans des conditions harmonieuses nécessaires au fonctionnement normal du mouvement physiologique, et à l'expression naturelle du mouvement de locomotion, et qu'il résume ainsi le véritable principe d'équilibre hippique : la *légèreté du cheval*.

Tout votre système de conduite se trouve donc dans l'observation de l'action nerveuse que les physiologistes-anatomistes appellent action *réflexe*, c'est-à-dire dans l'analyse des impressions transmises au cerveau de l'animal, soit par les causes extérieures, soit par les pressions tactiles du cavalier.

C'est cette action réflexe que vous appelez l'*entendement tactile* de l'animal; vous l'avez étudié avec un soin, avec une science que le vulgaire aura peut-être quelque peine à bien saisir, mais que l'homme de cheval comprendra aisément.

Les savantes considérations de M. le docteur Dally père, que vous avez citées, viennent donner un grand poids à votre manière de voir. Ceux qui vous liront avec l'attention qu'exige le sérieux du sujet, trouveront leur récompense dans l'avantage considérable de voir le côté pratique ressortir naturellement de vos considérations psycho-physiologiques appliquées à l'art de l'équitation.

. . . .

Tels sont en résumé vos principes d'équitation rationnelle que j'approuve entièrement.

J'espère, mon cher camarade, que grâce à votre travail nous verrons un plus grand nombre de cavaliers qui auront assez de *tact* pour s'entendre avec leurs chevaux.

J'ai l'honneur d'être votre dévoué,

Dr LE ROY D'ÉTIOLLES.

COMPTES RENDUS
DE
DIVERSES REVUES SCIENTIFIQUES & MILITAIRES

EXTRAIT de la Science pour tous.

A part les contes charmants des fabulistes, combien de leçons l'homme ne reçoit-il pas des animaux, du cheval en particulier! Leçons rudes parfois et portant fruit si rarement!

. . . .

Ces faits, dont nous laissons nos lecteurs tirer les conclusions, nous reviennent en mémoire à la lecture d'un livre intitulé : CINÉSIE ÉQUESTRE, *Nouvelle étude du cheval*, due à la plume savante et consciencieuse de M. Émile Debost, un ancien titulaire instructeur de l'École de Saumur.

C'est aussi le cheval qui a instruit M. Debost, car c'est la nature et l'organisation de l'animal patiemment étudiées qui ont dévoilé à l'auteur les véritables principes du dressage et de l'équitation.

Le cheval est et sera de plus en plus un des éléments de notre existence ; pour nos travaux, notre alimentation, notre santé, nos affaires et nos plaisirs, nous nous servons de lui. Trop souvent, au lieu de savoir développer, régulariser, ménager ses merveilleuses qualités, nous les pervertissons par mauvaise direction ou abus, et nous le châtions pour des méfaits dont nous sommes cause.

Ceux même qui ont écrit les ouvrages les plus réputés sur l'éducation et le dressage du cheval ont commis une erreur grave en considérant l'animal comme un mécanisme vivant auquel l'homme impose sa volonté. Un tel système conduit à user de l'éperon, de la cravache, du fouet, etc., etc., comme instruments de correction ; il engendre l'indocilité, l'entêtement, la révolte et à son dernier terme l'égarement des facultés.

Le cheval est autre chose qu'une machine ; c'est un être sensible, physiquement et moralement. M. Debost l'a parfaitement compris. Quand sur la peau ou sur la bouche du cheval, l'une et l'autre douées d'une exquise sensibilité, on agit par *les aides*, — la main, armée ou non, la jambe, l'éperon, — on éveille des sensations que les nerfs transmettent par la moelle épinière au cerveau. On n'impose pas un mouvement à une machine, on provoque chez l'animal une détermination qui sera conforme ou opposée à celle du conducteur ou du cavalier, suivant que l'harmonie existe ou non entre lui et le cheval. Il y a véritablement deux êtres moraux dont l'unification est nécessaire, sous peine de compromettre l'un et l'autre.

Il ne suffit pas, en effet, de relier matériellement le cheval à l'homme ou au fardeau par une parfaite étude de la position des centres de gravité; les centres de volonté doivent également être en relation constante et en accord absolu.

Cette considération capitale est le flambeau qui éclaire toute la méthode et tout le livre de M. Debost. Puisée dans la nature et dans l'observation savante des lois physiologiques, elle est féconde en résultats utiles. La base est vraie, la déduction logique; l'œuvre est solide. Aussi les officiers supérieurs les plus compétents de l'armée française ont-ils donné leur pleine adhésion à cet ouvrage.

Sa lecture sera profitable, non-seulement aux officiers de cavalerie, mais encore à quiconque élève, dresse ou emploie des chevaux.

Puisse-t-il même être lu et médité par tant de gens qui ont mission d'élever les enfants ou de conduire des hommes, et ne paraissent guère se douter que là aussi il y a un être moral à conquérir, à diriger!

(*La Science pour tous.*)   Docteur SÉGUIN.

EXTRAIT du Journal des Sciences militaires.

Après l'expérience et l'usage, les événements de ces dernières années ont fait ressortir toute l'importance qui s'attache au dressage du cheval : homme du monde ou écuyer militaire, chacun a dû y porter son attention.

C'est que le cheval répond à des besoins multiples : convenablement dressé, on sait les services qu'il est capable de rendre à la guerre; la chasse rehausse encore son prix, et il est le luxe raffiné de la promenade.

Et pourtant, combien l'art dont il est l'objet demeure encore arriéré! Certes, entre les fanatiques des anciennes traditions et les partisans du système Baucher, ni les méthodes, ni la controverse n'ont manqué. On a préconisé tour à tour et rabaissé les applications et pratiques différentes. On y a apporté toute vivacité : nous allions dire de l'aigreur. Le progrès, cependant, n'a point été en raison des efforts engagés : de l'aveu général, jusqu'à nos jours, la théorie et la pratique sont demeurées insuffisantes.

Enfin a paru récemment un ouvrage qui établit l'art de l'équitation d'une manière décisive, et quand même il ne viendrait pas mettre tout le monde d'accord, il mériterait encore l'attention du monde équestre par la hauteur de vues dont le sujet est traité. L'auteur, M. Emile Debost, ancien instructeur à l'Ecole de Saumur [1], en révélant les principes certains de toute mé-

---

[1] M. Emile Debost, ancien compagnon d'armes du commandant Franchetti, occupe au ministère des finances, auquel il est attaché depuis bien des années, une position des plus honorables. Lors de l'investissement de Paris par les Allemands, il a mis au service du pays ses connaissances spéciales et son expérience militaire. Nommé, à l'élection, membre du conseil de l'escadron des Eclaireurs de la Seine,

thode vraiment rationnelle, a résolu le problème de la conquête absolue du cheval; et cela à force de méditations, d'expériences et du raisonnement fondé sur les données les plus exactes de la science.

Le théoricien chez lui fournit par les résultats une éclatante sanction à la pratique. La *Nouvelle étude du cheval* tient ce qu'elle promet : reconstituer l'art de l'équitation sur des bases scientifiques irréfutables. S'emparant de la somme d'expériences et de connaissances acquises, l'auteur a scruté profondément la nature de l'animal; d'où il arrive à formuler une théorie rationnelle, indéfectible, basée sur la physiologie et les sciences qui s'y rattachent. Par un coup de maître, il érige de la sorte l'équitation à la hauteur d'une science exacte.

L'auteur de la *Cinésie équestre* ne se borne pas à établir sur des principes rationnels l'art qu'il formule pour les professeurs; il prend soin encore d'en établir méthodiquement les bases scientifiques; il les met à la portée de tous, et c'est là la partie neuve et capitale de son travail. La conclusion en est simple : l'Art de l'équitation est *un*.

L'auteur explique par déductions logiques sous quel point de vue l'art cinésique équestre, sous la dépendance de la cinésiologie ou *science du mouvement*, doit être envisagé, et que tous les cavaliers peuvent acquérir, affirmons-nous, par les principes qu'enseigne M. Debost.

On comprend de la sorte que chaque individu puisse avoir sa méthode et ses procédés, sa manière à lui, ses classifications particulières; que chaque école se tienne à des errements spéciaux. Mais il existe un système primordial, une méthode fondamentale, celle entée sur la nature même et indépendante de l'art de l'homme. C'est celle-là que la science de l'écuyer doit nécessairement scruter, approfondir. C'est là qu'il doit chercher la raison et l'explication de chacun de ses actes. Bref, c'est l'œuvre cinésique hippique par excellence, en dehors de laquelle il n'y a plus que tâtonnements et erreurs. Là gît tout le secret du dressage du cheval : c'est aux praticiens à en faire l'expérience. Ils y reconnaîtront que la direction maîtresse et absolue du cavalier se concilie admirablement avec l'indispensable liberté d'action du cheval.

Une œuvre technique aussi profondément conçue que fortement déduite devra faire sensation dans le monde équestre. Elle a conquis l'approbation et le suffrage des savants et des maîtres, ainsi que l'attestent les lettres-préfaces du docteur E. Dally et du général Michaux. Cet officier général conclut en formulant le désir qu'un certain nombre d'exemplaires de l'ouvrage soit mis à la disposition des écoles militaires et des officiers instructeurs de l'armée.

En somme, M. Debost a fait accomplir à l'art hippique un progrès marqué et semble avoir dit le dernier mot dans la question de l'organisation équestre. (*Journal des sciences militaires.*)

---

il a plus qu'un autre contribué à l'instruction militaire de ce corps de volontaires d'élite, qui s'est constamment signalé durant le siége, et que la mort glorieuse de son chef, à la bataille de Champigny, a rendu à jamais célèbre.

EXTRAIT du Moniteur de l'Armée.

La librairie militaire J. Dumaine, éditeur, a publié récemment un traité important d'équitation rationnelle. Bien que cet ouvrage, par la hauteur de ses considérations, s'adresse surtout à l'homme de cheval et à l'écuyer militaire, il contient sur la nature de l'organisation animale, des notions d'une telle importance qu'elles s'imposent auprès du monde équestre et peuvent intéresser nos lecteurs à plus d'un titre.

Le dressage du cheval, on le sait, a été, depuis un certain nombre d'années, l'objet de diverses combinaisons méthodiques ; cette étude a surtout été remise en faveur par la *méthode Baucher*. La vogue qui s'attachait principalement au nouveau mode d'*assouplissements* dans le dressage, les succès obtenus, malgré les procédés anti-rationnels des *attaques* pratiquées à l'origine, appelèrent l'attention de l'homme de cheval, et peu à peu la nouvelle méthode entra dans le domaine de l'art.

De nombreux ouvrages parurent depuis et tentèrent de fonder, sur les données du *système Baucher*, une nouvelle école, en dehors des anciennes traditions. Mais ces publications, ainsi que leurs devancières, sans bases théoriques déterminées et qui laissaient de côté les questions rationnelles à résoudre, restèrent impuissantes à assurer les fondements de l'art de l'équitation : la théorie expérimentale manquait.

Enfin a paru un ouvrage : *Cinésie équestre*, ou nouvelle étude théorique et pratique du cheval, qui établit l'art de l'équitation d'une manière décisive, nous dit le *Journal des sciences militaires*, et dont les préceptes sont d'autant plus puissants, qu'ils ne sont pas circonscrits à une méthode, à un système, mais qu'ils atteignent simultanément, par la base, toutes les écoles, sans exception.

C'est, il faut bien qu'on le sache, sur les recherches positives de la physiologie et sur des notions les plus précises de la cinésiologie ou *science du mouvement*, découvertes qui ont jeté tant de clarté sur l'action nerveuse dans les mouvements de locomotion, qu'il a été possible à M. Debost de faire un traité aussi complet de la science hippique que celui présenté sous le titre de : *Cinésie équestre. — Exercice* rationnel du mouvement hippique.

Aussi, l'auteur a résumé les considérations les plus importantes sur les principaux phénomènes du *mouvement physiologique*, au point de vue des lois dynamiques de la locomotion ; sur l'organisme animal et les diverses causes qui peuvent favoriser ou entraver son fonctionnement ; sur les *agents* de toute nature qui exercent leur influence sur l'organe du tact : *sensibilité tactile* ou *perception tactile*, *expression* du mouvement, etc.; sur l'état perpétuel de *réceptivité instinctive* et de *spontanéité corrélative*, dans lequel se trouve le mécanisme vivant, etc.

Mieux que tout autre, et pénétré des phénomènes du mouvement *psychophysiologique*, de l'instinct remarquable et de la prodigieuse mémoire du cheval, de la perfectibilité de son *entendement* tactile ; du pouvoir de l'*habitude* sur les perceptions ; enfin, de la connexité de ces facultés entre elles, et de leur coordination cérébrale, l'auteur a compris l'action que devait jouer l'impulsion équestre dans l'organisation hippique. Joignant la réduction de la base de sustentation à une concentration normale des forces, il trace une loi générale d'harmonie qui concilie dans son exécution les droits de la *libre expression* du cheval, et les devoirs de la *coordination absolue* du cavalier, ce qui conduit à la mise en œuvre de ces deux grands principes de toute conduite rationnelle : l'*équilibre des sensations* et la *légéreté motrice*.

Nous ne voulons entrer dans aucun détail, l'étude de cet important travail sera faite par des hommes éclairés, qui en tireront profit pour l'art si éminemment utile du dressage du cheval. Nous dirons seulement que ce livre défie les controverses hostiles, qu'il arrive à temps pour secouer l'homme du monde de sa torpeur en équitation, l'éclairer en matière d'enseignement, le sortir du domaine de l'erreur et de la routine, qui a pour point de départ l'abandon de toute étude, pour arguments, l'audace, pour moyens, la brutalité, et pour but la conduite hasardée d'une machine détraquée, — et le faire entrer dans celui des idées de principes rationnels, dont l'application est tout aussi indispensable à sa sécurité personnelle et à la conservation de sa monture, que nécessaire à l'*entraînement* judicieux du cheval de course et au véritable dressage du cheval de carrière.

Que de chutes, par conséquent, la conception de ces principes qui s'élèvent, avec toute la puissance de la science, contre les dangers de la *pratique* actuelle, n'éviterait-elle pas !

Puisse donc cet ouvrage porter ses fruits ! Qu'il soit pour l'homme de cheval un guide, comme il est pour tous une révélation. Mais resterait-il longtemps encore sans force contre les moyens empiriques enracinés par l'usage, ses généreux efforts porteront, tôt ou tard, la conviction dans les esprits, et obtiendront leur récompense. (*Moniteur de l'armée.*)

EXTRAIT de l'Avenir militaire.

Il est facile de discourir et d'écrire sur toutes choses, surtout sur le cheval et l'équitation. Le moindre écuyer de manége a ses *procédés* ; il les appelle volontiers ses *principes*, sa *méthode* ; il essaye de les *expliquer* longuement, souvent avec emphase, presque toujours sans succès. Ordinairement, ces prétendues méthodes ne sont que la *pratique*, parfois heureuse, mais non raisonnée de l'équitation ; le professeur monte à cheval, il travaille au manége, il fait exécuter à sa monture des tours de force plus ou moins ingénieux, puis il dit à l'élève : Montez à cheval et *faites comme moi*.

Ce système d'enseignement n'est point ma méthode ; c'est un ensemble de procédés mécaniques. Il ne faut certes pas les mépriser, puisqu'en somme ils permettent d'atteindre le but de l'équitation : le dressage du cheval par l'homme, l'utilisation du cheval à la satisfaction des besoins de locomotion du cavalier.

L'école de Versailles, l'école d'Aure, l'école Baucher, toutes les écoles anciennes ou modernes et leurs dérivés ne sont en réalité que des procédés divers plus ou moins faciles, plus ou moins sûrs, plus ou moins parfaits, mais tous point ou incomplétement rationnels et méthodiques.

EXTRAITS DE LETTRES ET DE COMPTES RENDUS. 219

Dans son livre, *Nouvelle étude du cheval*, M. Emile Debost s'efforce surtout, à l'encontre de ses adversaires, de rechercher, de définir, d'exposer clairement les principes rationnels de l'équitation; il les demande à l'étude sérieuse de la physiologie, de la psychologie et des lois naturelles du mouvement auxquelles il donne le nom de *cinésie* équestre.

Après une *introduction* intéressante, M. Debost s'occupe de la physiologie animale, qui est la base de son système, des organes actifs et passifs de la locomotion, des mouvements naturels, de l'organisation, du fonctionnement et de l'unité du sytème nerveux : cette partie du livre est une étude raisonnée, détaillée et complète de la structure interne et externe du cheval.

L'auteur parle ensuite des phénomènes physiques, forces, poids, centre de gravité, fluides, et des facultés sensoriales du cheval, toucher, tempérament, sensibilité, instinct, habitudes, mémoire, entendement. Puis il aborde la partie la plus intéressante de son livre dans un chapitre consacré à la *cinésiologie hippique*, où il étudie la science du mouvement auxiliaire correspondant à celle du mouvement naturel.

Ayant ainsi posé les principes de sa méthode, l'auteur les applique, dans la sixième et dernière partie de son ouvrage, au dressage du cheval de selle.

Le livre de M. Debost est une étude consciencieuse de haute école pratique et raisonnée. Il s'adresse à l'homme de cheval, à l'écuyer militaire surtout, et il mérite d'être lu et médité par tous ceux qui s'intéressent aux progrès de l'équitation. (*L'Avenir militaire*.)

EXTRAIT de l'Événement.

A côté de la question des haras, se dresse la critique des écoles du gouvernement — celles de dressage entre autres, où le personnel n'est pas à la hauteur de sa mission — nous écrit-on de toutes parts. Il est certain que les systèmes de dressage français sont tellement indécis que nos écuyers des haras ne procèdent plus que par « tâtonnements. » Il en sera ainsi tant que nous n'aurons pas de grands haras nationaux, écoles d'élevage, d'expériences, de dressage, où celui qui veut apprendre trouvera à s'instruire gratuitement, où les croisements ne seront plus confiés à l'ineptie des subalternes, où les professeurs ne dédaigneront pas de descendre dans les détails les plus minutieux.

Il ne faut pas croire que le dressage puisse suppléer aux facultés manquantes et qu'un cheval quelconque, s'il est *réduit*, fera un bon service ! Cependant le caractère du cheval résulte toujours de la façon dont le poulain a été élevé et dressé. Voilà pourquoi la docilité du cheval arabe est proverbiale : dès sa naissance, le poulain est en contact avec l'homme... Mais laissons la parole à un professeur, M. Emile Debost, qui, dans un livre très-remarquable, nous donne les véritables notions de l'équitation, art où jusqu'à présent le manque absolu de vérité théorique a permis de tout soutenir, de tout admettre, l'absurde, le vraisemblable, le progressif et le rétrograde. Je recommande la *Cinésie équestre* à tous nos dresseurs ou écuyers d'occasion.

Ils y verront qu'aux grands siècles d'Athènes et de Rome, où on élevait des temples à la beauté de la forme, où l'athlète et l'écuyer victorieux étaient considérés comme privilégiés par la divinité, les praticiens entendaient par le mot *cinèse* toute espèce de mouvement dont la figure, le rhythme, la mesure étaient exactement déterminés dans les divers exercices du corps, d'après des formules spéciales et appropriées aux fonctions de l'organisme.

M. Emile Debost, après un savant exposé du mécanisme de la machine vivante et des phénomènes du mouvement du système nerveux qui la résume, arrive, par des conséquences scientifiques et des considérations théoriques que nous ne pouvons analyser ici, à déterminer l'exécution précise des effets d'excitation des *aides* du cavalier dans la pratique de l'art, en raison des facultés physiques et instinctives au cheval.

Le mécanisme si régulier, l'ordre et l'enchaînement des phénomènes du mouvement physiologique frappent, il est vrai, d'étonnement et d'admiration les esprits assez éclairés pour les saisir et les comprendre ; mais ces connaissances sont, en général, au-dessus de la portée du plus grand nombre.

M. Debost, avec une clarté et un talent des plus rares, a cherché à faire entrer dans le domaine de la pratique ces principes dont le caractère philosophique s'adresse bien plutôt à l'homme de cheval et à l'écuyer militaire, gens instruits en matière d'équitation, qu'au public inexpérimenté ; mais il a su, par des formules simples et faciles à saisir, rendre la partie méthodique accessible à toutes les intelligences.

Les Lettres-préfaces qui accompagnent le livre, l'une de l'éminent vice-président de la société d'anthropologie, M. Daly, l'autre de M. Michaux, général de cavalerie des plus autorisés, prouvent surabondamment l'importance de cet ouvrage.

Aussi engageons-nous ceux qui s'occupent sérieusement d'équitation à prendre connaissance de cette nouvelle étude rationnelle du cheval; nous croyons on ne peut plus nécessaire de répandre les vérités qu'elle contient, non-seulement pour détruire bien de fausses interprétations en usage dans le dressage et la conduite du cheval, mais encore pour éclairer les professeurs qui sentent instinctivement le manque de principes certains et de vérité méthodique dans l'équitation actuelle. (*L'Evénement.*)

Nous aurions pu reproduire bien d'autres lettres approbatives et d'autres appréciations de journaux toutes aussi décisives en faveur de la *Cinésie équestre*, mais les appréciations qui précèdent suffisent à prouver surabondamment, pensons-nous, l'importance de ce livre qui est appelé à faire entrer l'équitation dans une phase nouvelle. Tous ceux qui le liront ratifieront pleinement ces suffrages et reconnaîtront la nécessité de l'étude de la nature de l'animal, de ses facultés, pour jouir du cheval d'une façon plus élevée, plus utile et plus digne de l'homme en un mot. (*L'Editeur.*)

TABLE GÉNÉRALE DES MATIÈRES.

Dédicace à M. le général L'Hotte, officier général de cavalerie.
Notice préliminaire. I
LETTRES-PRÉFACES : M. Michaux, OFFICIER GÉNÉRAL. VII
    —   M. E. Dally, membre de plusieurs sociétés
                savantes, etc. XIII
Avant-propos. XV
Observation transitoire. — Etymologie de CINÉSIE XVIII

PREMIÈRE PARTIE.
CONSIDÉRATIONS GÉNÉRALES.

Introduction. 21
    I. — De l'art de l'équitation. 23
    II. — De la science du mouvement. 24
    III. — De l'examen psycho-physiologique. 25
    IV. — De l'analyse psycho-physiologique 26
    V. — De l'étude des rapports entre le cavalier et le cheval. 28
    VI. — De la nouvelle école d'équitation 29
    VII. — Du système *Baucher*. 30
    VIII. — Conclusion de la première partie. 31

DEUXIÈME PARTIE.
DE LA PHYSIOLOGIE ANIMALE.

CHAPITRE I. — CONSIDÉRATIONS GÉNÉRALES. 35
  Article I. — Notions préliminaires. 35
  Article II. — De l'organisme animal. 36
  Article III. — Des fonctions. 38
CHAPITRE II. — DES ORGANES PASSIFS DE LA LOCOMOTION 39
  Article I. — Du squelette. 39
  Article II. — Des articulations. 39
  Article III. — Des tissus élastiques. 40
CHAPITRE III. — DES ORGANES ACTIFS DE LA LOCOMOTION 41
  Des muscles. — Contraction musculaire 41
CHAPITRE IV. — DES MOUVEMENTS NATURELS OU PHYSIOLOGIQUES. . 43
CHAPITRE V. — FONCTIONS DU SYSTÈME NERVEUX. 48
CHAPITRE VI. — UNITÉ DU SYSTÈME NERVEUX. 54

TROISIÈME PARTIE.
DES PHÉNOMÈNES PHYSIQUES.

CHAPITRE I. — DE LA THÉORIE DES FORCES 63
   Article I. — Du phénomène en général. 63
   Article II. — De la DYNAMIQUE. 64
       —   Des forces. 64
   Article III. — Du centre de gravité. 68
   Article IV. — Du mouvement circulaire. 72

CHAPITRE II. — DES FLUIDES. 74
   Article I. — Des fluides aériformes. 74
   Article II. — Des fluides impondérables. 75
   Du magnétisme animal. 77

QUATRIÈME PARTIE.
DES FACULTÉS SENSORIALES DU CHEVAL.

CHAPITRE I. — DES SENS 79
   Article I. — Du toucher, ou tact. 80
   Article II. — Des tempéraments. 80
   Article III. — De la sensibilité. 81
   Article IV. — De la sensation. 82

CHAPITRE II. — DE LA PSYCHOLOGIE ANIMALE 83
   Article I. — Considérations générales 83
   Article II. — De l'instinct. 85
   Article III. — De la mémoire. — De l'habitude 86
   Article IV. — De l'entendement 88

CINQUIÈME PARTIE.
CINÉSIOLOGIE HIPPIQUE.

De l'unité harmonique dans les phénomènes ou du mécanisme vivant en action.

CHAPITRE UNIQUE. — DE LA SCIENCE DU MOUVEMENT AUXILIAIRE. 93
   Article I. — Idées générales. 93
   Article II. — De la transmission du mouvement auxiliaire . . . 96
   Article III. — De la propagation du mouvement auxiliaire. . . 97
      1. — Du mouvement excentrique. 98
      2. — Du mouvement concentrique. 98
   Article IV. — Conditions mécaniques de toute sphère d'action. . 99
      1. — De la force considérée comme sphère d'action 99
      2. — Sensation du tact. 100
      3. — Des trois sphères dynamiques. 101
   Article V. — De l'unité dans la variété 103
   Article VI. — De la CINÉSIE appliquée à la science hippique. . . 105

SIXIÈME PARTIE.

CINÉSIE ÉQUESTRE.

Principes de dressage du cheval de selle.

CHAPITRE I. — DE LA BASE MÉTHODIQUE ET FONDAMENTALE DE L'ÉQUITATION RATIONNELLE. 109

   Article I. — Considérations générales. 109
   Article II. — De la méthode 114

CHAPITRE II. — DES AGENTS. 118

   Article I. — Des quatre ordres d'agents. 118
   Article II. — Des agents mécaniques auxiliaires du mouvement. 120
   Article III. — La main (*des propriétés physiologiques de*) . . . 123
   Article IV. — Les aides inférieures (*les jambes*). 126
   Article V. — De l'appareil extérieur hippo-cinésique 127
   Article VI. — Conclusion de ce chapitre 127

CHAPITRE III. — DE LA THÉORIE DES AIDES. (*Agents mécaniques auxiliaires du mouvement.*). 131

   Article I. — Introduction 131
   Article II. — De la main (*des effets cinésiques*). 132
   Article III. — Des jambes (*de l'impulsion cinésique*) 133
   Article IV. — De l'éperon (*des effets cinésiques*) 134
   Article V. — Des effets croisés. 135
   Article VI. — De la *situation dynamique* ou de la pondération mécanique. 137

CHAPITRE IV. — PROGRESSION MÉTHODIQUE 139

   Article I. — Du travail progressif. 139
   Article II. — Des assouplissements. 140
   Article III. — De la *mise en marche* à toutes les allures . . . 142
   Article IV. — De l'arrêt (*à l'état de station forcée*) 145
   Article V. — De la *remise* de main 147
   Article VI. — Du reculer 148
   Article VII. — Des trois bases dynamiques du dressage 149
   Article VIII. — De la *descente* de main. 151
   Article IX. — Des répressions. 152
   Article X. — De la haute-école 157
   Article XI. — Résumé de l'équilibre hippique 158

— CONCLUSION. 163

APPENDICE.

Résumé des séries progressives. 167
   1re série. — Du travail au pas. 169
   2e série. — Du travail au trot. 171
   3e série. — Du travail au galop 173

EXPOSÉ ANALYTIQUE DE CINÉSIE ÉQUESTRE
OU COMPLÉMENT D'ÉQUITATION RATIONNELLE.

PREMIÈRE PARTIE.
EXAMEN THÉORIQUE.

Considérations préliminaires. 177
Notions générales des phénomènes du mouvement de locomotion. . 180
Indication des erreurs de l'équitation. 181
Du principe spécial et supérieur du mouvement. 185
De la puissance réflexe ou pouvoir de l'habitude. 187
Théorie générale des lois du mouvement en équitation. 189

DEUXIÈME PARTIE.
EXAMEN PRATIQUE.

De l'art de l'équitation. 191
Des premiers éléments de pratique équestre. 196
De la réduction de la base de sustentation 196
De l'unité dans la direction absolue et l'expression libre. 198
Observations critiques sur la *méthode Baucher*. 203
Épilogue. 205
Note de l'éditeur 208

EXTRAITS
DE LETTRES D'OFFICIERS SUPÉRIEURS DE L'ARMÉE :

Lettre de M. L'Hotte, O ✻, général de cavalerie. 209
Lettre de M. Dijon, O ✻, l^t-colonel du 12e de chasseurs. 210
Lettre de M. Léaux, O ✻, chef d'escadrons au 1er de dragons . . 211
Lettre de M. Lebrun, O ✻, ancien chef d'escadrons. 212
Lettre de M. le D^r Le Roy d'Étiolles, ✻, membre de plusieurs
   sociétés savantes. 213

EXTRAITS
DE COMPTES RENDUS DE REVUES SCIENTIFIQUES ET MILITAIRES :

La *Science pour tous*. — Le *Journal des sciences militaires*. — Le
   Moniteur de l'armée. — *L'Avenir militaire*. — *L'Evénement*. . 214

Paris. — Imprimerie de J. Dumaine, rue Christine, 2.

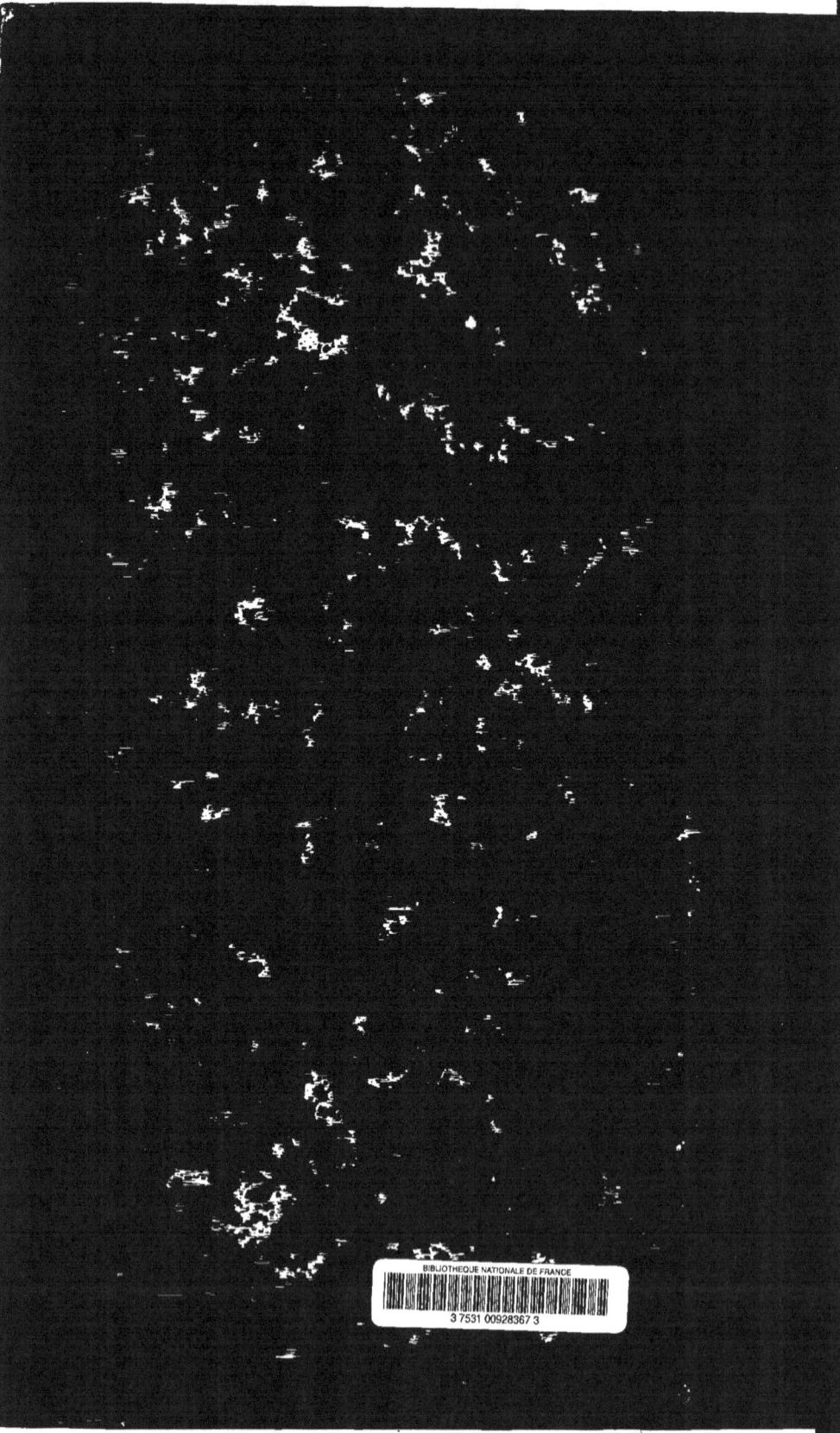